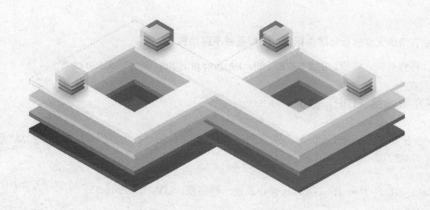

从Docker到Kubernetes
入门与实战

罗利民 著

清华大学出版社
北京

内 容 简 介

Docker 已经成为行业中最火爆的开源技术,没有之一。而 Kubernetes 的诞生,更是使得 Docker 如虎添翼。越来越多的人开始投入到 Docker 和 Kubernetes 的开发和运维中去。本书是一本为初学者量身定做的入门教材,适合对容器技术了解不多,没有太多的相关开发和运维经验,但是又想掌握 Kubernetes 技术的读者使用,帮助他们快速地进入这个领域。

本书分为两篇共 12 章,第一篇全面介绍 Docker,包括 Docker 的基础知识、在主流操作系统上安装 Docker 的方法以及 Docker 的基本管理操作;第二篇详细介绍 Kubernetes,主要包括 Kubernetes 基础知识、Kubernetes 的安装方法、Kubernetes 命令行管理工具、运行应用、访问应用、存储管理、软件包管理、网络管理以及 Kubernetes 的图形管理工具。

本书内容详尽、示例丰富,是广大 Docker 和 Kubernetes 初学者必备的参考书,同时也适合高等院校和培训学校计算机相关专业作为教材使用。

本书封面贴有清华大学出版社防伪标签,无标签者不得销售

版权所有,侵权必究。举报: 010-62782989, beiqinquan@tup.tsinghua.edu.cn。

图书在版编目(CIP)数据

从 Docker 到 Kubernetes 入门与实战/罗利民著. 一北京:清华大学出版社,2019(2024.1重印)
ISBN 978-7-302-53481-5

Ⅰ. ①从… Ⅱ. ①罗… Ⅲ. ①Linux 操作系统—程序设计 Ⅳ. ①TP316.85

中国版本图书馆 CIP 数据核字(2019)第 172247 号

责任编辑:夏毓彦
封面设计:王 翔
责任校对:闫秀华
责任印制:杨 艳

出版发行:清华大学出版社
网　　址:https://www.tup.com.cn, https://www.wqxuetang.com
地　　址:北京清华大学学研大厦 A 座　　邮　编:100084
社 总 机:010-83470000　　邮　购:010-62786544
投稿与读者服务:010-62776969, c-service@tup.tsinghua.edu.cn
质量反馈:010-62772015, zhiliang@tup.tsinghua.edu.cn

印 装 者:三河市科茂嘉荣印务有限公司
经　　销:全国新华书店
开　　本:190mm×260mm　　印　张:15　　字　数:384 千字
版　　次:2019 年 9 月第 1 版　　　　　印　次:2024 年 1 月第 7 次印刷
定　　价:69.00 元

产品编号:080824-01

前 言

读懂本书

还在用虚拟机？是时候开始用 Docker 了

未来五年引领云计算发展的核心技术必然是容器技术。现在越来越多的 IT 公司逐渐抛弃传统的虚拟化技术，而转向轻量化的容器技术。

主流云服务商已经开始支持 Docker

云服务提供商，包括微软、IBM、Rackspace、Google 以及其他主要的 Linux 提供商如 Canonical 和 Red Hat，都开始支持 Docker。

Docker 和 Kubernetes 如何改变传统的虚拟化技术？

Docker 和 Kubernetes 给虚拟化技术带来了革命性的改变，给开发人员以及系统管理员提供了一个平台，使配置和部署分布式应用变得更加容易，让应用真正实现零宕机。

本书真的适合你吗？

本书帮你从传统的虚拟化技术过渡到 Docker，再过渡到 Kubcrnctcs 时代；本书全面而又简洁地介绍了 Docker，轻松扫除初学者学习本书的障碍；本书从最简单的例子出发，逐步深入，使得读者能够在轻松愉快的过程中，学习到新的技术；本书摒弃了过多的理论介绍，突出了日常开发和运维必需的知识点，可谓去芜存菁，取精用宏。

本书涉及的技术或框架

虚拟化	容器	Docker
Linux	Linux Container	Git
版本控制	Nginx	反向代理
防火墙	路由	OSI 七层网络模型
子网	网桥	集群
NFS	iSCSI	SAN
Hyper-V	VMware Workstation Pro	域名解析

本书涉及的示例和案例

第一个 Docker 应用：Hello world
在 Ubuntu 中体验 Docker
容器的创建、查看、启动、停止以及删除
Docker 的网络模式
通过软件包管理工具安装 Kubernetes
通过源代码安装 Kubernetes
kubeadm 部署 Kubernetes
管理 DaemonSet
在 Windows 中体验 Docker
Docker 镜像的查找、下载、列举、删除、查看、构建以及标签管理
容器的互联
通过二进制文件安装 Kubernetes
kubectl 管理资源对象
管理 Deployment
通过 Job 实现倒计时
管理服务
通过 NodePort 实现外部访问
存储卷管理
通过 Helm 管理应用
kube-proxy 和 ClusterIP 实现外部访问
通过负载均衡实现外部访问
持久化存储卷管理
在 Kubernetes 集群中部署 Tomcat

本书特点

（1）本书不论是理论知识的介绍，还是实例的选择，都是从实际应用的角度出发，精心选择运维和开发过程中典型例子，讲解细致，分析透彻。

（2）深入浅出、轻松易学，以 Docker 和 Kubernetes 重要知识点为主线，激发读者的阅读兴趣，让读者能够真正学习到 Docker 和 Kubernetes 实用、前沿的技术。

（3）技术新颖、与时俱进，结合时下最热门的技术，如微服务、集群以及自动化运维等，让读者在学习 Docker 和 Kubernetes 的同时，扩大知识面，了解和掌握更多的、更先进的运维技术。

（4）贴近读者、贴近实际，大量成熟技巧和经验的介绍，帮助读者快速找到问题的最佳答案，及时解决运维和开发过程中遇到的问题。

（5）贴心提醒，本书根据需要在各章使用了很多"注意""提示"等小提示，让读者可以在学习过程中更轻松地理解相关概念及知识点。

（6）本书汇集了作者大量的实战经验，不仅可以作为入门教程，还可以作为运维和开发的参考书。

本书读者

- IT 实施和运维工程师
- 软件开发工程师
- 对云服务技术感兴趣，并希望进一步学习的中高级技术人员
- 系统管理员

- 云端原生开发人员
- 想了解容器和 Kubernetes 技术的初学者
- 想从 Docker 转移到 Kubernetes 的技术人员

本书第 1~10 章由平顶山学院的罗利民创作，第 11~12 章由张春晓创作。

作　者
2019 年 5 月

目　录

第1章　全面认识 Docker 1

1.1　容器技术 1

1.1.1　什么是容器 1

1.1.2　容器与虚拟机之间的区别 3

1.1.3　容器究竟解决了什么问题 4

1.1.4　容器的优点 5

1.1.5　容器的缺点 6

1.1.6　容器的分类 7

1.2　Docker 技术 8

1.2.1　什么是 Docker 8

1.2.2　Docker 的由来 9

1.2.3　Docker 究竟是什么 9

1.3　Docker 的架构与组成 10

1.3.1　Docker 的架构 10

1.3.2　Docker 中应用系统的存在形式 12

1.4　为什么使用 Docker 12

1.4.1　Docker 的应用场景 12

1.4.2　Docker 可以解决哪些问题 13

1.4.3　Docker 的应用成本 13

第2章　初步体验 Docker 15

2.1　在 Windows 中安装 Docker 15

2.1.1　通过 Boot2Docker 体验 Docker 15

2.1.2　通过 Docker Desktop 体验 Docker 22

2.1.3　搭建第一个 Docker 应用：Hello world 25

2.2　在 Ubuntu 中安装 Docker 27

2.2.1　通过远程仓库安装 Docker 27

2.2.2　通过软件包安装 Docker 28
2.2.3　测试安装的结果 29

第 3 章　Docker 基本管理 30

3.1　镜像管理 30
3.1.1　查找镜像 30
3.1.2　下载镜像 31
3.1.3　列出本地镜像 32
3.1.4　删除镜像 32
3.1.5　查看镜像 32
3.1.6　构建镜像 35
3.1.7　镜像标签管理 37

3.2　容器管理 38
3.2.1　创建容器 38
3.2.2　查看容器 40
3.2.3　启动容器 41
3.2.4　停止容器 41
3.2.5　删除容器 42

3.3　网络管理 42
3.3.1　Docker 网络原理 42
3.3.2　网络模式 44
3.3.3　Docker 容器的互连 46
3.3.4　容器与外部网络的互连 47

第 4 章　Kubernetes 初步入门 49

4.1　Kubernetes 技术 49
4.1.1　什么是 Kubernetes 49
4.1.2　Kubernetes 的发展历史 49
4.1.3　为什么使用 Kubernetes 50

4.2　Kubernetes 重要概念 51
4.2.1　Cluster（集群） 51
4.2.2　Master（主控） 51
4.2.3　Node（节点） 52
4.2.4　Pod 53
4.2.5　服务 53
4.2.6　卷 54
4.2.7　命名空间 54

第 5 章 安装 Kubernetes 55

5.1 通过软件包管理工具安装 Kubernetes 55
5.1.1 软件包管理工具 55
5.1.2 节点规划 56
5.1.3 安装前准备 57
5.1.4 etcd 集群配置 57
5.1.5 Master 节点的配置 63
5.1.6 Node 节点的配置 65
5.1.7 配置网络 68

5.2 通过二进制文件安装 Kubernetes 69
5.2.1 安装前准备 69
5.2.2 部署 etcd 73
5.2.3 部署 flannel 网络 76
5.2.4 部署 Master 节点 77
5.2.5 部署 Node 节点 80

5.3 通过源代码安装 Kubernetes 83
5.3.1 本地二进制文件编译 83
5.3.2 Docker 镜像编译 84

第 6 章 Kubernetes 命令行工具 85

6.1 kubectl 的使用方法 85
6.1.1 kubectl 用法概述 85
6.1.2 kubectl 子命令 87
6.1.3 Kubernetes 资源对象类型 89
6.1.4 kubectl 输出格式 90
6.1.5 kubectl 命令举例 90

6.2 kubeadm 的使用方法 93
6.2.1 kubeadm 安装方法 94
6.2.2 kubeadm 基本语法 95
6.2.3 部署 Master 节点 95
6.2.4 部署 Node 节点 97
6.2.5 重置节点 97

第 7 章 运行应用 99

7.1 Deployment 99
7.1.1 什么是 Deployment 99
7.1.2 Deployment 与 ReplicaSet 100

	7.1.3 运行 Deployment	100
	7.1.4 使用配置文件	107
	7.1.5 扩容和缩容	112
	7.1.6 故障转移	114
	7.1.7 通过标签控制 Pod 的位置	116
	7.1.8 删除 Deployment	118
	7.1.9 DaemonSet	118
7.2	Job	121
	7.2.1 什么是 Job	121
	7.2.2 Job 失败处理	123
	7.2.3 Job 的并行执行	124
	7.2.4 Job 的定时执行	125

第 8 章 通过服务访问应用 127

8.1	服务及其功能	127
	8.1.1 服务基本概念	127
	8.1.2 服务的功能原理	128
8.2	管理服务	129
	8.2.1 创建服务	129
	8.2.2 查看服务	132
	8.2.3 删除服务	133
8.3	外部网络访问服务	133
	8.3.1 kube-proxy 结合 ClusterIP	134
	8.3.2 通过 NodePort 访问服务	135
	8.3.3 通过负载均衡访问服务	137
8.4	通过 CoreDNS 访问应用	138
	8.4.1 CoreDNS 简介	138
	8.4.2 安装 CoreDNS	138

第 9 章 存储管理 147

9.1	存储卷	147
	9.1.1 什么是存储卷	147
	9.1.2 emptyDir 卷	148
	9.1.3 hostPath 卷	151
	9.1.4 NFS 卷	152
	9.1.5 Secret 卷	153
	9.1.6 iSCSI 卷	156

9.2 持久化存储卷 157
　　9.2.1　什么是持久化存储卷 157
　　9.2.2　持久化存储卷请求 157
　　9.2.3　持久化存储卷的生命周期 158
　　9.2.4　持久化存储卷静态绑定 159
　　9.2.5　持久化存储卷动态绑定 162
　　9.2.6　回收 167

第 10 章　Kubernetes 软件包管理 170

10.1　Helm 170
　　10.1.1　Helm 相关概念 170
　　10.1.2　Tiller 171
　　10.1.3　Chart 171
　　10.1.4　Repository 171
　　10.1.5　Release 171
10.2　安装 Helm 172
　　10.2.1　安装客户端 172
　　10.2.2　安装服务器端 Tiller 174
10.3　Chart 文件结构 176
10.4　使用 Helm 177
　　10.4.1　软件仓库的管理 177
　　10.4.2　查找 Chart 178
　　10.4.3　安装 Chart 180
　　10.4.4　查看已安装 Chart 183
　　10.4.5　删除 Release 183

第 11 章　Kubernetes 网络管理 185

11.1　Kubernetes 网络基础 185
　　11.1.1　Kubernetes 网络模型 185
　　11.1.2　命名空间 186
　　11.1.3　veth 网络接口 186
　　11.1.4　netfilter/iptables 187
　　11.1.5　网桥 187
　　11.1.6　路由 187
11.2　Kubernetes 网络实现 188
　　11.2.1　Docker 与 Kubernetes 网络比较 188
　　11.2.2　容器之间的通信 192

    11.2.3 Pod 之间的通信 194

    11.2.4 Pod 和服务之间的通信 197

  11.3 Flannel 206

    11.3.1 Flannel 简介 206

    11.3.2 安装 Flannel 207

第 12 章　Kubernetes Dashboard 212

  12.1 Kubernetes Dashboard 配置文件 212

    12.1.1 Kubernetes 角色控制 212

    12.1.2 kubernetes-dashboard.yaml 213

  12.2 安装 Kubernetes Dashboard 218

    12.2.1 官方安装方法 219

    12.2.2 自定义安装方法 219

  12.3 Dashboard 使用方法 222

    12.3.1 Dashboard 概况 222

    12.3.2 通过 Dashboard 创建资源 224

写在最后 226

第 1 章

全面认识Docker

随着计算机硬件、网络技术以及云计算的飞速发展和日益普及，Docker 已经成为当下业内讨论的焦点。Docker 号称要成为云服务的基石，并将互联网升级到下一代。由此可以看出，Docker 必然成为支撑整个互联网服务的主流技术之一。了解和掌握 Docker 是从业于互联网行业的必备条件之一。本章将初步介绍 Docker 的基础知识，使得读者能够从整体上理解 Docker 技术，为后面章节的学习打下基础。

本章主要涉及的知识点有：

- 什么是容器：了解容器技术的发展历史。
- 什么是 Docker：介绍 Docker 的由来，Docker 为互联网服务带来的便利以及 Docker 的具体含义。
- Docker 的架构与组成：主要介绍 Docker 的基本架构、组成部分、应用的存在形式以及内容变更的管理方法等。
- 为什么使用 Docker：主要介绍 Docker 具体应用场景、Docker 能够解决的问题以及应用成本等。

1.1 容器技术

目前，虚拟化技术已经成为一种被大家广泛认可的服务器硬件资源共享方式。容器技术的出现，为虚拟化技术带来了新的生机。容器技术已经引起了业内的广泛关注。通过应用容器技术，可以大大地提升工作效率。本节将对容器的基础知识进行系统地介绍，以便于读者学习后续的内容。

1.1.1 什么是容器

在介绍什么是容器之前，首先需要介绍另外一个概念，那就是虚拟化技术。尽管虚拟化技术已经有了几十年的发展历史，但是由于受限于之前硬件的发展水平，例如 CPU 的性能、计算机的内存容量、硬盘的存储容量以及网卡的速率等，虚拟化技术并没有普及开来。但是，最近几年以来，计算机的各种硬件资源都得到了长足的发展。在这种情况下，某台计算机的计算资源可能会得不到充分地运用，从而造成资源浪费。于是，虚拟化技术也就逐渐普及开来。

简单地讲，所谓虚拟化是将计算机的各种硬件资源，例如 CPU、内存、磁盘以及网络等，都看作是一种资源池，系统管理员可以将这些资源池进行重新分配，提供给其他的虚拟计算机使用。对于管理员来说，底层物理硬件完全是透明的，即完全不用考虑不同的物理架构，在需要各种硬件资源的时候，只要从这个资源池中划出一部分即可。

从上面的描述可以得知，虚拟化技术至少给计算机行业带来了两个巨大的改变，其一就是解决了当前高性能计算机硬件的产能过剩问题，其二是可以把老旧的计算机硬件重新组合起来，作为一个整体的资源来使用。

目前，市场上面主流的虚拟化产品有 Linux 平台上面的 KVM、Xen、VMWare 以及 VirtualBox 等，运行在 Windows 平台上面的虚拟化产品主要有 Hyper V、VMWare 以及 VirtualBox 等。对于这些产品来说，其支持的宿主操作系统是非常广泛的，可以包括 Linux、OpenBSD、FreeBSD 以及各种 Windows 版本等。

在传统的虚拟化技术中，虚拟化系统会虚拟出一套完整的硬件基础设施，包括 CPU、内存、显卡、磁盘以及主板等。因此，所有的虚拟机之间是相互隔离的，每个虚拟机都不会受到其他虚拟机的影响，如同多台物理计算机一样。

尽管传统的虚拟化技术通过虚拟出一套完整的计算机硬件，实现了各个虚拟机之间的完全隔离，从而给用户带来了极大的灵活性，并降低了硬件成本。但是越来越多的用户发现，这种技术方案实际上同时也给自己制造了许多麻烦。例如，在这种环境中，每个虚拟机实例都需要运行客户端操作系统的完整副本以及其中包含的大量应用程序。从实际运行的角度来说，由此产生的沉重负载将会影响其工作效率及性能表现。

容器的诞生为虚拟化技术带来了革命性的变化。它既拥有虚拟化技术的灵活性，又避免了传统的虚拟化技术的上述缺点。

所谓容器，是一种轻量级的操作系统级虚拟化，可以让用户在一个资源隔离的进程中运行应用及其依赖项。运行应用程序所必需的组件都将打包成一个镜像并可以复用。执行镜像时，它运行在一个隔离环境中，并且不会共享宿主机的内存、CPU 以及磁盘，这就保证了容器内的进程不能监控容器外的任何进程。图 1-1 显示了容器的基本架构。

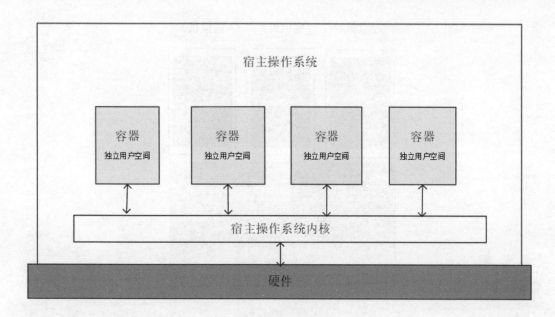

图 1-1　容器架构

1.1.2　容器与虚拟机之间的区别

在 1.1.1 小节中,已经简单介绍了容器与虚拟机的区别。在本小节中,再详细地进行介绍。实际上,与传统的虚拟机相比,容器有着明显的区别。

虚拟机管理系统通常需要为虚拟机虚拟出一套完整的硬件环境,此外,在虚拟机中,通常包含整个操作系统及其应用程序。从这些特点去看,虚拟机与真实的物理计算机非常相似。因为虚拟机包含完整的操作系统,所以虚拟机所占磁盘容量一般都比较大,一般为几个 GB。若安装的软件比较多,则可以占用几十个 GB,甚至上百个 GB 的磁盘空间。虚拟机的启动相对也比较慢,一般需要数分钟的时间。

容器作为一种轻量级的虚拟化方案,其所占磁盘空间一般为几个 MB。在性能方面,与虚拟机相比,容器表现得更加出色,并且其启动速度非常快,一般只需要几秒的时间。

图 1-2 和图 1-3 显示了虚拟机和容器之间的区别。从图 1-2 可以看出,客户机和宿主机之间有个虚拟机管理器来管理虚拟机。每个虚拟机都有操作系统,应用程序运行在客户机操作系统中。从图 1-3 可以看出,宿主机和容器之间为容器引擎,容器并不包含操作系统,应用程序运行在容器中。

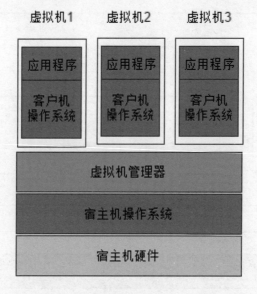

图 1-2　虚拟机

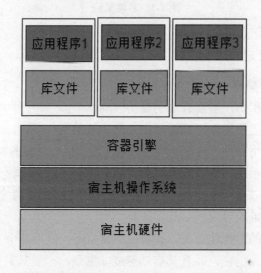

图 1-3　容器

1.1.3　容器究竟解决了什么问题

容器的产生为虚拟化技术带来革命性的变化。然而，许多人并不理解，容器的出现到底解决了什么问题？

在虚拟化系统中，大多数问题都是在应用系统的运行环境改变时才突显出来。例如，开发者在 Windows 操作系统环境中编写应用代码，但是实际使用的运行环境（也可以称为生产环境）却是 Linux 系统。在这种情况下，应用系统的某些功能就极有可能出现问题。也就是说，当开发时的软件环境和实际运行的软件环境不一样的时候，应用系统故障的几率就会大大增加。

Docker 创始人 Solomon Hykes（见图 1-4）曾经说过，"如果测试环境使用 Python 2.7，但是实际使用的运行环境使用 Python 3，那么一些奇怪的事情就会发生。或者我们依赖某个特定版本的 SSL 库，但是却安装了另外一个版本。或者在 Debian 上面运行测试环境，但是实际投入运行时的环境是 RedHat，那么任何奇怪的事情都可能发生。"

除了运行环境之外，发生改变的还有可能是网络或者其他方面。例如，测试环境和实际投入运行的环境的网络拓扑可能不同，安全策略和存储也有可能不同。原因是为用户开发的应用系统最终需要在这些基础设施上面实际投入使用并运行。

当用户将应用系统部署在容器中之后，它们的迁移就变得非常容易。容器的初衷也就是将各种应用程序和它们所依赖的运行环境打包成标准的镜像文件，进而发布到不同的平台上去运行。这一点与现实生活中货物的运输非常相似。为了解决各种型号、规格、尺寸的货物在各种运输工具上进行运输的问题，我们发明了集装箱。把货物放进集装箱之后，物流公司只管运输集装箱就可以了，而不用再去关心集装箱里面的货物到底该如何包装、以及提供多大规格的包装箱。他们面对的就是一个个整齐划一的集装箱。而应用容器之后，部署人员面对的不再是具体的应用系统，不用再关心如何为应用系统准备运行环境以及依赖的其他组件，他们面对的就是一个个镜像，主要把镜像部署好就可以了。

从上面的描述可以得知，容器非常适合于在当前的云计算环境快速地迁移和部署应用系统。

图 1-4　Docker 创始人 Solomon Hykes

1.1.4　容器的优点

容器是在传统的虚拟化基础上发展起来的，因此，容器必然会吸收传统的虚拟化的优点，并克服传统的虚拟化技术的缺点。所以说，容器的优点是非常明显的。下面对容器的优点进行详细介绍。概括地说，容器具有以下优点。

1. 敏捷度高

容器技术最大的优点就是创建容器实例的速度比创建虚拟机要快得多。主要原因在于创建虚拟机的时候，用户需要首先为虚拟机安装操作系统，这要花费大量的时间。然后，再根据应用系统的需求，配置软件环境，最后再部署应用系统。而容器轻量级的脚本无论是从性能，还是大小方面都可以减少开销。此外，部署一个容器化的应用系统，可以按分钟，甚至秒级来计算。

2. 提高生产力

对于每个容器化的应用来说，它们都是相对独立的个体，与其他的容器几乎不存在依赖关系，也几乎不会与其他的应用发生冲突。容器通过解除跨服务的依赖和冲突提高了开发者的生产力。每个容器都可以看作是一个不同的微服务，因此可以独立升级，而不用担心与其他服务的同步问题。

3. 版本控制

容器技术吸收了许多其他技术的优点。其中，比较有特色的是它引进了程序开发中的版本控制机制。每个容器的镜像都有版本控制，这样用户就可以跟踪不同版本的容器，监控版本之间的差异等等。

4. 运行环境可移植

容器封装了所有运行应用程序所必需的相关的细节，例如应用依赖以及操作系统。这就使得镜像从一个环境移植到另外一个环境更加灵活。比如，同一个镜像可以在 Windows 或 Linux 中开发、测试和运行。

5. 标准化

大多数容器基于开放的标准，可以运行在所有主流的 Linux 发行版、以及 Windows 平台等。

6. 安全

容器之间的进程是相互隔离的，其中的基础设施亦是如此。这样其中一个容器的升级或者变化不会影响其他容器。

1.1.5 容器的缺点

任何一种技术都不是完美的，容器也是如此。容器本身也会有一定的缺点，下面进行简单的介绍。

1. 复杂性增加

随着容器及应用数量的增加，同时也伴随着复杂性的增加。在生产环境（即实际应用环境）中管理如此之多的容器是一个极具挑战性的任务。系统管理员可以借助 Kubernetes 和 Mesos 等工具来管理具有一定规模数量的容器。前者正是本书将要详细介绍的主角。

2. 原生 Linux 支持

大多数容器技术，例如 Docker，是基于 Linux 容器（LXC）技术的，相比于在原生 Linux 中运行容器或者在 Windows 环境中运行容器略显笨拙，并且日常使用也会带来复杂性。

3. 不成熟

容器技术在市场上是相对新的技术，需要时间来适应市场。开发者的可用资源是有限的，如果某个开发者陷入某个问题，可能需要花些时间才能解决问题。

 尽管容器本身有一定的缺点，但是并不影响它在云计算中的广泛应用。

1.1.6 容器的分类

大致来说，容器可以分为操作系统容器和应用容器两大类型，下面分别进行详细介绍。

1. 操作系统容器

操作系统容器是操作系统层的虚拟化，也可以看作是一种计算机虚拟化技术。这种虚拟化技术将操作系统的内核虚拟化，可以允许多个独立用户空间的存在，而不是只有一个。从运行在容器中的应用程序的角度来看，这些容器的实例就如同真正的计算机，如图 1-5 所示。

如上所述，在同一个物理机中的容器共享宿主机的内核，同时提供了相互隔离的用户空间。用户可以像在宿主机操作系统上一样，在容器中安装、配置以及运行应用程序。相似的是，分配给容器的资源仅对自己可见，任何虚拟机不能获取其他虚拟机的资源。

当需要配置大量具有相同配置的操作系统时，操作系统容器就会非常有用。因此，容器有助于创建模板，可用于创建与另一个操作系统类似风格的容器。

要创建操作系统容器，可以利用某些容器技术，例如 LXC、OpenVZ、Linux VServer、BSD Jails 以及 Solaris 区域（也称为 Solaris 容器）等。

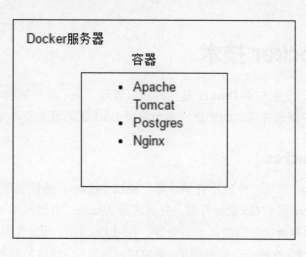

图 1-5　操作系统容器

2. 应用容器

应用容器是指应用程序的虚拟化，就是从其所执行的底层操作系统封装计算机程序的软件技术。一个完全虚拟化的应用，尽管仍像原来一样执行，但是并不会进行传统意义上的安装。应用程序在运行时的行为就像它直接与原始操作系统以及操作系统所管理的所有资源进行交互一样，同时可以实现不同程度的隔离或者"沙箱化"，如图 1-6 所示。

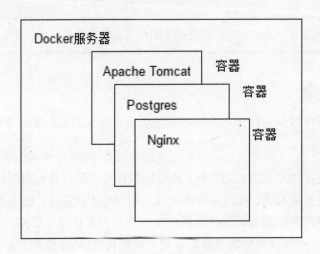

图 1-6　应用容器

在这种情况下，虚拟化是指被封装的应用程序，这与其在硬件虚拟化中的含义截然不同。应用容器旨在作为单个进程进行打包和运行服务，而在操作系统容器中，可以运行多个服务和进程。

容器技术如 Docker 和 Rocket 就是应用容器的典型例子。

1.2　Docker 技术

在 1.1 节中，我们已经知道 Docker 是一种应用容器。为了能够顺利学习并掌握 Docker，首先必须对 Docker 的概念有深入的理解。本节将对 Docker 的概念及其发展历程进行介绍。

1.2.1　什么是 Docker

简单地讲，Docker 就是一个应用容器引擎，通过 Docker，系统管理员可以非常方便地对容器进行管理。Docker 基于 Go 语言开发，并且遵从 Apache 2.0 开源协议。

Docker 提供了对容器镜像的打包封装功能。利用 Docker，开发者可以将他们开发的应用系统以及依赖打包起来，放到一个轻量级的、可移植的容器中，然后发布并部署到任何的 Linux

或者 Windows 中。这样的话，Docker 就统一了整个开发、测试和部署的环境和流程，极大地减少运维成本。

Docker 完全使用沙箱机制，容器之间不会有任何的接口。

沙箱是一种按照安全策略限制程序行为的执行环境。早期主要用于测试可疑软件等，比如黑客们为了试用某种病毒或者不安全产品，往往可以将它们在"沙箱"环境中运行，这样的话不会对系统产生危害。

例如，某个开发者使用 Spring 框架开发了一套网店系统。为了便于部署，该开发者可以将应用程序及其依赖的 jar 文件、JDK、Tomcat 应用服务器以及 MySQL 数据库服务器等所有的相关组件打包到一个容器里面，并通过 Docker 提供的工具进行镜像文件的封装，以便于迁移和部署。

1.2.2　Docker 的由来

2010 年，几个大胡子年轻人在美国旧金山成立了一家做 PaaS（Platform-as-a-Service，平台即服务）平台的公司，并且起名为 dotCloud。虽然 dotCloud 公司曾经获得过一些融资，但随着大厂商，包括微软、谷歌以及亚马逊等公司杀入云计算领域，dotCloud 公司举步维艰。

幸运的是，上帝每关上一扇门，就会打开一扇窗。2013 年初，dotCloud 公司的工程师们决定将他们的核心技术 Docker 开源，这项技术能够将 Linux 容器中的应用代码打包，轻松地在服务器之间迁移。

令所有人意想不到的是，随后 Docker 技术风靡全球，于是，dotCloud 公司决定改名为 Docker，全身心投入到 Docker 的开发中，并于 2014 年 8 月，Docker 公司宣布把 PaaS 业务 dotCloud 出售给位于德国柏林的 PaaS 服务提供商 cloudControl，自此，dotCloud 和 Docker 分道扬镳。

目前，所有的云计算大公司，例如谷歌、亚马逊以及微软等都支持 Docker 技术。2014 年 10 月，微软宣布与 Docker 的合作关系，在其云计算操作系统 Azure 中支持 Docker。2014 年 11 月，谷歌发布支持 Docker 的产品 Google Container Engine。几乎同时，亚马逊也发布了支持 Docker 的产品 AWS Container Service。

随着 Docker 技术的迅速普及，Docker 公司也在不断地完善 Docker 生态圈，这使得 Docker 逐渐成为轻量级虚拟化的代名词，成为云应用部署的事实上的标准。

2016 年 2 月，受各大公司的挤压，dotCloud 的母公司 cloudControl 宣告破产。

1.2.3　Docker 究竟是什么

前面已经介绍过，Docker 是一个开源的应用容器引擎。对于不太熟悉云计算技术的初学者来说，这个说法难免非常抽象，难以理解。为了使初学者更好地掌握 Docker 的本质，下面通过简单的类比，对 Docker 的本质特征进行介绍。

对于一个开发者来说，Java、C++以及 Git 等应该是非常熟悉的概念了。Java 之前的开发语言，例如 C 或者 C++等都是严重依赖于平台的。同样的代码，在不同的平台下，需要重新编译才可以运行。为了解决这个问题，Java 语言诞生了。Java 语言号称"编译一次，到处运行"。这个与平台无关的特性的实现依赖于 Java 虚拟机，即 Java 代码需要在 Java 虚拟机中执行。Java 虚拟机屏蔽了与平台有关的具体细节，开发人员只要将 Java 代码编译成可以在 Java 虚拟机中执行的目标代码就可以了。与平台有关的具体细节交给 Java 虚拟机去处理了，开发人员完全不用关心这个问题。

此外，开发人员在开发应用程序的时候，总会存在着版本迭代的问题。为了管理不同的版本，人们开发出了 Git。通过 Git，开发人员可以任意地在不同版本之间切换，同时也解决了协同开发人员之间的代码冲突问题。

与上面介绍的程序开发相类似。系统管理员在部署应用系统的时候，会存在着组件之间的依赖问题，而系统所依赖的其他组件必然存在着与具体的平台兼容的问题。例如，Java 应用系统运行的 Java 虚拟机和 Tomcat，或者应用系统所使用的 MySQL 数据库管理系统等，都需要针对不同的平台，来安装不同的版本。系统管理员每次迁移系统都需要逐一处理这些依赖组件。

Docker 提供了类似于 Java 虚拟机的功能。相对于应用系统而言，Docker 屏蔽了与平台相关的具体细节。Docker 像一个集装箱，把应用系统及其依赖组件包装起来。系统管理员在迁移系统时，只要把这个"集装箱"搬过去即可，而不必处理"集装箱"里面的具体细节。

当然，Docker 这个功能特性的实现，在于开发人员为不同的平台提供了相对应的镜像文件。镜像文件中包含了容器的内容，即应用系统以及依赖组件。既然是文件，必然也存在着版本的问题，Docker 同样提供了基于 Git 的版本控制机制。

1.3 Docker 的架构与组成

Docker 是一个典型的客户端/服务器（Client/Server，简称 C/S）架构。了解和掌握 Docker 的架构对于初学者来说非常重要。只有从整体上对 Docker 有所了解，懂得 Docker 各个组件的功能及其相互之间的关系，才可以熟练运用 Docker，才可以在出现故障时知道如何去解决。本节将对 Docker 的架构以及各组件进行介绍。

1.3.1 Docker 的架构

Docker 采用 C/S 架构，即客户端/服务器架构。系统管理员通过 Docker 客户端与 Docker 服务器进行交互。Docker 服务器负责构建、运行和分发 Docker 镜像。用户可以把 Docker 的客户端和服务器部署在同一台计算机上，也可以分别部署在不同的计算机上，两者之间通过各种接口进行通信。

Docker 的典型体系架构如图 1-7 所示。

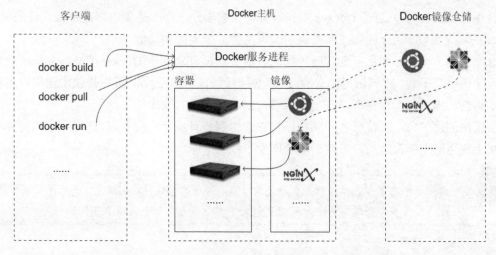

图 1-7　Docker 架构

下面对 Docker 中的几个组成部分进行介绍。

1. 镜像

镜像（Image）是 Docker 中非常重要的一个概念。简单地讲，镜像就是容器的模板。对于普通用户来说，镜像文件通常都是只读的。

镜像的内容可以是多种多样的。例如，某个镜像可以包含一个完整的操作系统，里面安装了 Apache HTTP 服务器或者其他的应用程序，当然这种情况比较少。为了节约硬件成本，某个镜像也可以只包含某个应用程序及其依赖组件，这是大多数镜像文件的内容。

镜像的作用是用来创建容器。镜像和容器之间的关系就是模板和具体实例的关系，用户可以使用一个镜像创建多个容器。

Docker 对镜像提供了完善的管理功能，用户可以非常方便地创建镜像或者更新现有的镜像，甚至可以直接从其他人那里下载一个已经做好的镜像来直接使用。关于镜像的管理，将在后面详细介绍。

2. 容器

如果说镜像是 Docker 中静态的部分，那么容器（Container）则是 Docker 中的动态部分。从本质上讲，容器是独立运行的一个或者一组应用，是从镜像创建的运行实例。

Docker 利用容器来运行应用程序，实现各种服务。容器可以被启动、停止或者删除。各个容器之间是相互隔离的，每一个 Docker 容器都是独立和安全的应用平台。用户可以把容器看作是一个简易版的 Linux 环境，包括 root 用户权限、进程空间、用户空间和网络空间等以及运行在其中的应用程序。

 镜像相当于构建和打包阶段，容器相当于启动和执行阶段。容器的定义和镜像几乎一模一样，唯一区别在于容器的内容是可读可写的。

3. 仓库

仓库（Repository）也是 Docker 中非常有特色的部分。仓库是集中存放镜像文件的地方。Docker 的仓库吸收了 Git 的优点，提供了镜像文件的版本控制功能。

仓库分为公有仓库和私有仓库两种形式。最大的公有仓库是 Docker Hub，存放了数量庞大的镜像供用户下载。中国国内的公有仓库包括时速云、网易云等，可以提供中国用户更稳定快速地访问。当然，用户也可以在本地网络内创建一个私有仓库。

当用户创建了自己的镜像之后就可以将它上传到公有或者私有仓库，这样下次在另外一台计算机上使用这个镜像时候，只需要从仓库中下载下来即可。

 有时候会把仓库和仓库注册服务器混为一谈，并不严格区分。实际上，仓库注册服务器上往往存放着多个仓库，每个仓库中又包含了多个镜像，每个镜像有不同的标签。

1.3.2　Docker 中应用系统的存在形式

在 Docker 中，应用系统以两种形式存在，分别为镜像和容器。镜像实际上是应用系统静态的存在形式。镜像文件中包含了应用系统的程序执行代码本身，也包含了应用系统所依赖的其他组件。用户可以通过镜像实现应用系统的分发。在创建容器的时候，只要把相应的镜像文件下载下来就可以使用了。容器是应用系统动态的存在形式，这是因为容器是应用系统运行时的状态。也就是说，Docker 是通过容器来提供服务的，绝大部分的计算任务都在容器上面执行。

1.4　为什么使用 Docker

Docker 能够被广泛地应用，说明它适应了当前计算机技术的发展，解决了当前 IT 运维中的实际问题。实际上，Docker 的迅速发展，与云计算技术是密不可分的。本节将详细介绍 Docker 的应用场景、所解决的问题以及应用成本等。

1.4.1　Docker 的应用场景

Docker 用于提供轻量级的虚拟化服务。每个 Docker 容器都可以运行一个独立的应用。例如，用户可以将 Java 应用服务器 Apache Tomcat 运行在一个容器中，而 MySQL 数据库服务器运行在另外一个容器中。

目前，Docker 的应用场景非常广泛，主要有以下几种。

1. 简化配置

这是 Docker 的初始目的。Docker 将应用程序代码、运行环境以及配置进行打包。用户在部署时，只要以该镜像为模板，创建容器即可。实际上，这实现了应用环境和底层环境的解耦。

2. 便于实现开发环境和生产环境的统一

在开发应用系统的过程中，用户希望开发环境能更加接近于生产环境（即实际的使用环境）。因此，开发人员可以让每个服务运行在单独的容器中，这样能模拟生产环境的分布式部署。

3. 应用隔离

随着当前计算机硬件技术的发展，在一台机器上运行单个应用是非常罕见的了。也就是说，当前的服务器硬件已经足够强大，使得在其上面可以同时运行多个应用系统。为了使得各个应用系统之间不相互影响，需要解决各个应用系统之间的隔离问题，而 Docker 能轻松达到这个目的。

4. 云计算环境

通过 Docker，系统管理员可以很好地解决云计算环境中多租户的需求。管理员可以通过创建 Docker 容器，快速灵活地为租户提供服务。

5. 快速部署

通过 Docker，系统管理员可以快速地部署各种应用系统。在一般情况下，只需要花费几分钟即可。而通过传统的虚拟机技术来部署应用系统，则一般需要花费几个小时。

1.4.2　Docker 可以解决哪些问题

Docker 的产生，解决了当前计算机运维中的许多实际问题。总的来说，主要有以下几个方面。

1. 简化部署过程

Docker 让开发者可以打包他们的应用以及依赖包到一个可移植的容器中，然后发布到任何流行的 Linux 机器上，便可以实现虚拟化。

Docker 改变了传统的虚拟化方式，使得开发者可以直接将自己开发的应用放入 Docker 中进行管理。方便快捷已经是 Docker 的最大优势，过去需要用数天乃至数周的任务，在 Docker 容器的处理下，只需要数分钟就能完成。

2. 节省开支

一方面，云计算时代的到来，使开发者不必为了追求性能而配置高额的硬件，Docker 改变了高性能必然高价格的思维定势。Docker 与云计算机的结合，不仅解决了硬件管理的问题，也改变了虚拟化的方式。

1.4.3　Docker 的应用成本

Docker 的广泛应用极大地降低了 IT 设施的运维成本。具体地讲，主要体现在以下方面。

（1）与传统的服务器或者主机虚拟化相比，Docker 实现了更加轻量级的虚拟化。这对于应用部署来说，可以减少部署的时间成本和人力成本。

（2）标准化应用的发布。Docker 容器包含了运行环境和可执行的程序，可以跨平台和跨主机使用。

（3）节约启动的时间。传统的虚拟主机的启动一般是分钟级的，而 Docker 容器的启动是秒级的。

（4）节约存储成本。以前一个虚拟机至少需要几个 GB 的磁盘空间，而 Docker 容器可以减少到 MB 级。

第 2 章

初步体验Docker

在上面一章中，详细介绍了 Docker 有关的基础知识。接下来，为了使得读者更加深入地理解 Docker，本章将引导读者体验 Docker 的基本用法。

本章主要涉及的知识点有：

- 在 Windows 中安装 Docker：了解在 Windows 平台上面安装 Docker 的基本方法。
- 在 Ubuntu 中安装 Docker：介绍如何在目前最为流行的 Linux 发行版 Ubuntu 中安装和使用 Docker。

2.1 在 Windows 中安装 Docker

随着 Docker 技术的不断完善，用户可以在多种平台上面体验和使用 Docker。本节将从大部分读者最熟悉的 Windows 平台开始，介绍 Docker 的安装和使用方法。

2.1.1 通过 Boot2Docker 体验 Docker

Boot2Docker 是一个轻量级的 Linux 发行版，专门用来运行 Docker 容器。Boot2Docker 非常小，只有 40 多个 MB，完全在内存中运行。

Boot2Docker 目前最新版本为 v18.09.5，在 GitHub 上面提供了 ISO 文件以及源代码，如图 2-1 所示。如果用户想在 Linux 或者虚拟机环境中体验 Docker，可以下载 ISO 文件，也可以下载源代码后自己编译。

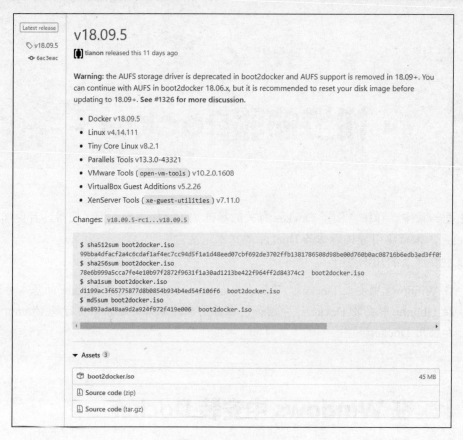

图 2-1　Boot2Docker

而对于 Windows 平台，Boot2Docker 也专门提供了一个安装程序，其网址为：

https://github.com/boot2docker/windows-installer/releases

目前最新版本为 v1.8.0，如图 2-2 所示。

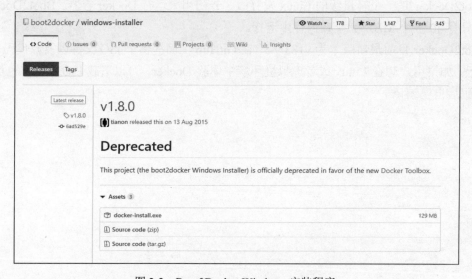

图 2-2　Boot2Docker Windows 安装程序

安装包的文件名为 docker-install.exe，目前该安装包的最新版本为 1.8.0，大小约为 130MB。

 由于 Windows 上面的 Boot2Docker 安装程序已经停止更新，建议用户通过 Docker Desktop 来体验 Docker。

下面介绍如何通过安装包来在 Windows 平台上面安装 Docker，步骤如下：

（1）双击安装包文件，启动安装向导，如图 2-3 所示。单击 Next 按钮，进入下一步。

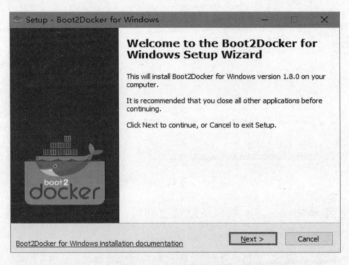

图 2-3　启动安装向导

（2）选择安装位置。默认情况下，安装向导会将 Docker 安装在 C 盘的 Program Files 文件夹下，如图 2-4 所示。如果用户想要将其安装在其他的文件夹，可以单击 Browse 按钮，选择另外的文件夹即可。选择完成之后，单击 Next 按钮，继续安装。

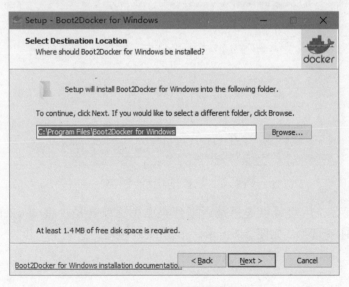

图 2-4　选择安装路径

（3）选择安装组件。用户可以选择安装哪些组件，主要包括 Docker 客户端、Boot2Docker 管理工具、VirtualBox 以及 MSYS-git UNIX 工具等，如图 2-5 所示。

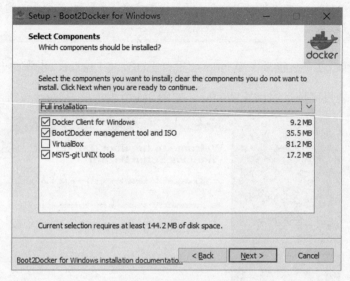

图 2-5　选择安装组件

（4）选择开始菜单文件夹。一般保持默认值即可，如图 2-6 所示。直接单击 Next 按钮，进入下一步。

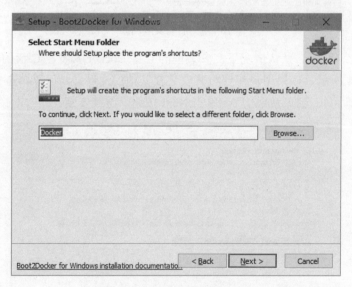

图 2-6　选择开始菜单文件夹

（5）附加任务。用户可以选择是否创建桌面图标或者是否将 docker.exe 文件添加到 Windows 的 PATH 变量中，如图 2-7 所示。单击 Next 按钮，进入下一步。

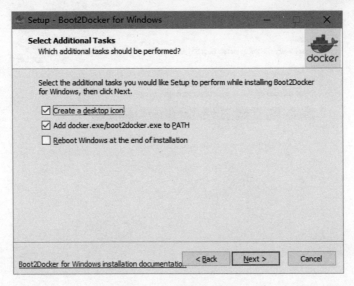

图 2-7　选择附加任务

（6）开始安装。通过前面几步的设置，用户可以开始正式的安装过程，如图 2-8 所示。单击 Install 按钮，开始安装。

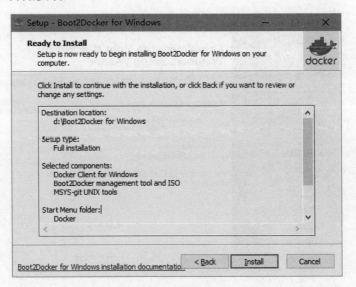

图 2-8　开始安装

（7）等待安装完成。安装向导会自动将程序文件安装到前面指定的目标路径，如图 2-9 所示。

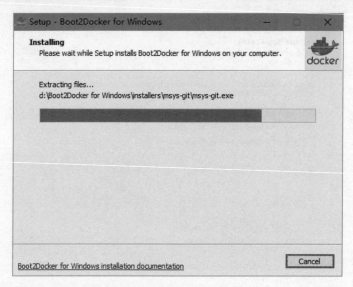

图 2-9　安装过程

（8）完成安装。当进度条全部变成绿色之后，安装过程就结束了，如图 2-10 所示。单击 Finish 按钮，关闭安装向导。

图 2-10　安装完成

Docker 的启动比较简单。在 Windows 的命令行窗口中，使用 cd 命令切换到 Docker 的安装路径（即所在的文件夹）。通常情况下，Docker 安装后所在的文件夹中会包含多个文件，如图 2-11 所示。其中 start.sh 为启动程序，boot2docker.exe 为管理工具。

图 2-11 Docker 安装后所在的文件夹

在 Windows 命令行中输入以下命令：

```
start.sh
```

接下来 Docker 会执行一系列的启动过程，启动完成之后，出现命令提示符，如图 2-12 所示。

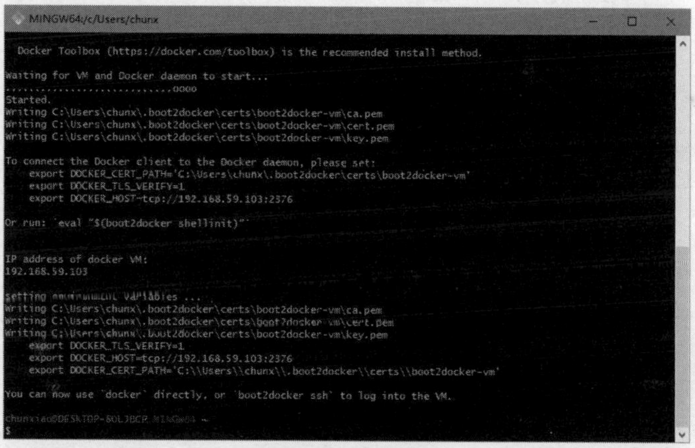

图 2-12 启动完成

接下来，用户就可以在命令行中输入各种命令来管理容器了。

除了使用 Docker 自带的客户端来管理容器之外，用户还可以使用 SSH 客户端来管理容器。首先，用户需要通过 boot2docker.exe 管理工具得到 Docker 引擎的 IP 地址，执行如下命令，命令的执行结果如下所示：

```
PS D:\Boot2Docker for Windows> boot2docker ip
192.168.59.103
```

在上面的命令中，ip 子命令用来显示 Docker 引擎的 IP 地址。例如，在本例中，其 IP 地址为 192.168.59.103。

然后，用户可以使用 SSH 客户端来连接 Docker 引擎，常见的 SSH 客户端有 SSH Secure

Shell Client、SecureCRT 以及 Putty 等。在本例中，使用免费的 SSH Secure Shell Client 来连接。打开 SSH Secure Shell Client，单击 Quick Connect 按钮，打开 Connect to Remote Host 对话框，在 Host Name 文本框中输入 Docker 引擎的 IP 地址，例如 192.168.59.103。在 User Name 文本框中输入用户名，Docker 引擎默认的用户名为 docker，如图 2-13 所示。

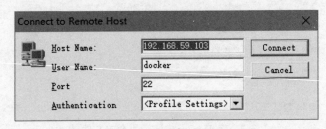

图 2-13　使用 SSH 连接 Docker 引擎

设置完成之后，单击 Connect 按钮，弹出密码输入框，如图 2-14 所示。Docker 默认的密码为 tcuser。输入之后，单击 OK 按钮，开始连接。

图 2-14　输入密码

连接成功之后，便会出现 Shell 的命令提示符，如图 2-15 所示。用户就可以通过各种命令来操作 Docker 了。

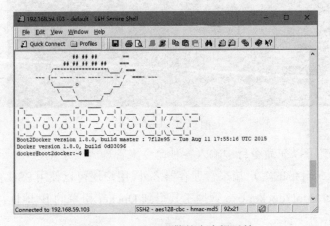

图 2-15　Docker 引擎的命令提示符

2.1.2　通过 Docker Desktop 体验 Docker

Docker Desktop 是官方提供的用来在 Windows 10 中运行 Docker 的程序。用户可以通过 Docker Desktop 在 Windows 中快速地搭建起一个开发或者体验环境，运行容器化的应用系统。Docker Desktop 利用 Hyper-V 虚拟化技术，同时支持 Linux 和 Windows 容器。

用户可以从 Docker 的官方网站下载 Docker Desktop，其网址为：

https://hub.docker.com/editions/community/docker-ce-desktop-windows

下载后的文件名为 Docker for Windows Installer.exe。

Docker Desktop 的安装方法比较简单，下面进行简单介绍。

双击下载好的安装程序，弹出配置界面，如图 2-16 所示。

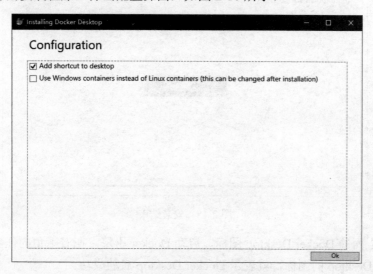

图 2-16　Docker Desktop 配置界面

其中，第 1 个选项为是否在桌面上面创建快捷方式，第 2 个选项是否用 Windows 容器来代替 Linux 容器。其中第 2 个选项可以在安装完成之后随时切换。所以，在通常情况下，用户只要保持默认选项即可。

单击 Ok 按钮，开始安装，如图 2-17 所示。

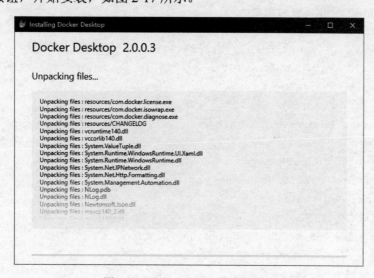

图 2-17　Docker Desktop 安装过程

当所有的组件都已安装完成之后，会出现如图 2-18 所示的对话框，单击 Close 按钮，关闭安装程序。

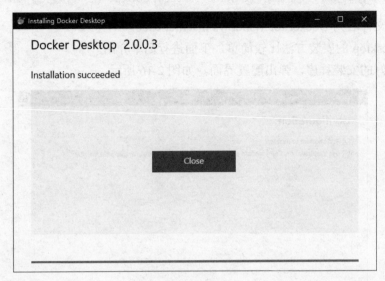

图 2-18　安装结束

双击桌面上面的 Docker Desktop 图标，启动 Docker 引擎。在右下角的任务栏上面，如果出现了 Docker Desktop 的图标，就表示 Docker Desktop 启动成功。

打开 Power Shell，在命令行中输入 docker version，以验证是否安装成功，如下所示：

```
PS C:\Users\chunxiao> docker version
Client: Docker Engine - Community
 Version:           18.09.2
 API version:       1.39
 Go version:        go1.10.8
 Git commit:        6247962
 Built:             Sun Feb 10 04:12:31 2019
 OS/Arch:           windows/amd64
 Experimental:      false


Server: Docker Engine - Community
 Engine:
  Version:          18.09.2
  API version:      1.39 (minimum version 1.12)
  Go version:       go1.10.6
  Git commit:       6247962
  Built:            Sun Feb 10 04:13:06 2019
  OS/Arch:          linux/amd64
  Experimental:     false
```

2.1.3 搭建第一个 Docker 应用：Hello world

Docker 提供了一些命令用来管理镜像、容器以及应用等。下面以 Boot2Docker 为例，来运行第一个 Docker 应用。在图 2-15 所示的命令提示符中输入以下命令，可以查看 Docker 的帮助：

```
$ docker help
```

以上命令输出结果如图 2-19 所示。

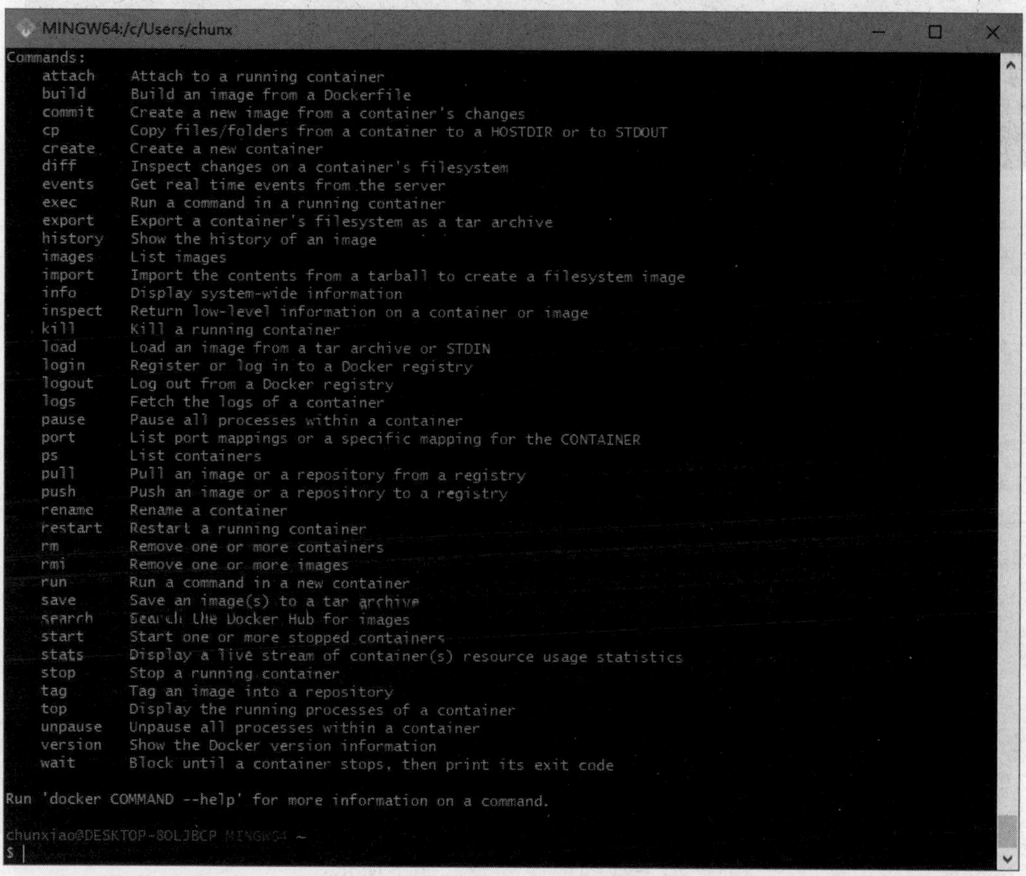

```
MINGW64:/c/Users/chunx
Commands:
    attach    Attach to a running container
    build     Build an image from a Dockerfile
    commit    Create a new image from a container's changes
    cp        Copy files/folders from a container to a HOSTDIR or to STDOUT
    create    Create a new container
    diff      Inspect changes on a container's filesystem
    events    Get real time events from the server
    exec      Run a command in a running container
    export    Export a container's filesystem as a tar archive
    history   Show the history of an image
    images    List images
    import    Import the contents from a tarball to create a filesystem image
    info      Display system-wide information
    inspect   Return low-level information on a container or image
    kill      Kill a running container
    load      Load an image from a tar archive or STDIN
    login     Register or log in to a Docker registry
    logout    Log out from a Docker registry
    logs      Fetch the logs of a container
    pause     Pause all processes within a container
    port      List port mappings or a specific mapping for the CONTAINER
    ps        List containers
    pull      Pull an image or a repository from a registry
    push      Push an image or a repository to a registry
    rename    Rename a container
    restart   Restart a running container
    rm        Remove one or more containers
    rmi       Remove one or more images
    run       Run a command in a new container
    save      Save an image(s) to a tar archive
    search    Search the Docker Hub for images
    start     Start one or more stopped containers
    stats     Display a live stream of container(s) resource usage statistics
    stop      Stop a running container
    tag       Tag an image into a repository
    top       Display the running processes of a container
    unpause   Unpause all processes within a container
    version   Show the Docker version information
    wait      Block until a container stops, then print its exit code

Run 'docker COMMAND --help' for more information on a command.

chunxiao@DESKTOP-8OLJ8CP MINGW64 ~
$
```

图 2-19 Docker 管理命令

search 命令用来搜索远程仓库中的镜像文件。例如，用户想要搜索 Ubuntu 的镜像文件，可以使用以下命令：

```
$ docker search ubuntu
```

该命令的输出结果如图 2-20 所示。

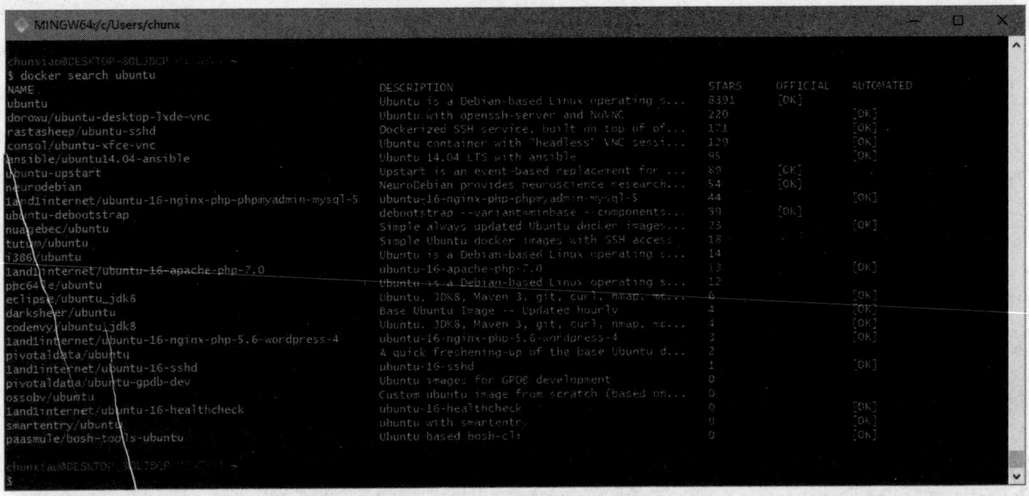

图 2-20 搜索 Ubntu 镜像

在图 2-20 所示的搜索结果中，第 1 列为镜像名称，第 2 列为描述信息，第 3 列为用户的推荐指数。

查找到所需的镜像之后，可以使用 pull 命令将其下载到本地，如下所示：

```
$ docker pull ubuntu
Using default tag: latest
latest: Pulling from library/ubuntu
68e2a091ef24: Already exists
8f9dd35f6299: Already exists
a81a6171600b: Already exists
a211a2bc7010: Already exists
9e71a0b4f83a: Already exists
cef111cd4bae: Already exists
Digest: sha256:f51048b7523b2f59a237ca440cb0a0d34f3aaa8a5a116719b09e62dff1f631ba
Status: Image is up to date for ubuntu:latest
```

images 命令用来列出当前已经下载的镜像列表，如下所示：

```
$ docker images
REPOSITORY         TAG         IMAGE ID         CREATED         VIRTUAL SIZE
<none>             <none>      74bc6c628a00     7 days ago      1.84 kB
ubuntu             latest      cef111cd4bae     9 days ago      84.12 MB
<none>             <none>      63ab9e8b5d66     9 days ago      442.8 MB
dordoka/tomcat     latest      53076e63352b     2 weeks ago     795.9 MB
<none>             <none>      accc1da36e54     2 weeks ago     230.1 MB
...
```

准备好镜像文件，用户就可以开始创建第一个应用了。Docker 的 run 命令可以使得用户在一个新的容器中执行一个命令。在本例中，使用 Ubuntu 的 Shell 命令输出一行文本。执行如下命令，命令的执行结果如下所示：

```
$ docker run ubuntu echo "Hello, world."
Hello, world.
```

在上面的命令中，参数 ubuntu 为镜像名称，Docker 会以此镜像创建一个新的容器，然后在容器里面执行 Shell 命令 echo。

2.2 在 Ubuntu 中安装 Docker

Ubuntu 是目前最为流行的 Linux 发行版之一。尤其是随着云计算技术的发展，Ubuntu 更是受到广大用户的关注。对于初学者来说，在 Ubuntu 上面安装 Docker 非常容易，所以本节就以 Ubuntu 18 为例，介绍如何在 Linux 上面安装 Docker。

2.2.1 通过远程仓库安装 Docker

为了便于用户安装 Docker，Docker 提供了多种安装方式，主要包括远程仓库安装、软件包安装以及脚本安装等。下面首先介绍如何通过远程仓库来安装 Docker。

（1）更新 apt 软件包索引。

apt 是 Ubuntu 的软件包管理工具。为了能够获取到最新的软件包列表，用户需要在安装新的软件包之前更新一下本地的软件包索引。

```
chunxiao@ubuntu:~$ sudo apt update
```

在上面的命令中，update 表示更新本地软件包索引。

（2）安装 Docker，命令如下：

```
chunxiao@ubuntu~$ sudo apt install docker.io
```

install 表示安装指定的软件包，docker.io 为软件包名称。

（3）查看是否安装成功：

```
chunxiao@ubuntu:~$ docker -v
Docker version 17.12.1-ce, build 7390fc6
```

从上面命令的输出可以得知，当前安装的 Docker 的版本为 17.12.1-ce。如果能够正确输出以上信息，就表示已经成功安装 Docker。

（4）启动 Docker 服务，执行如下命令，命令的执行结果如下所示：

```
chunxiao@ubuntu:~$ sudo systemctl start docker
chunxiao@ubuntu:~$ sudo systemctl status docker
  docker.service - Docker Application Container Engine
```

```
       Loaded: loaded (/lib/systemd/system/docker.service; disabled; vendor
preset:
       Active: active (running) since Mon 2018-09-17 10:16:51 CST; 33s ago
         Docs: https://docs.docker.com
     Main PID: 2760 (dockerd)
        Tasks: 26
       CGroup: /system.slice/docker.service
               ├─2760 /usr/bin/dockerd -H fd://
               └─2790 docker-containerd --config
/var/run/docker/containerd/container

 9月 17 10:16:50 ubuntu dockerd[2760]: time="2018-09-17T10:16:50.365
 9月 17 10:16:50 ubuntu dockerd[2760]: time="2018-09-17T10:16:50.365
 9月 17 10:16:50 ubuntu dockerd[2760]: time="2018-09-17T10:16:50.365
 9月 17 10:16:50 ubuntu dockerd[2760]: time="2018-09-17T10:16:50.367
 9月 17 10:16:50 ubuntu dockerd[2760]: time="2018-09-17T10:16:50.759
 9月 17 10:16:51 ubuntu dockerd[2760]: time="2018-09-17T10:16:51.008
 9月 17 10:16:51 ubuntu dockerd[2760]: time="2018-09-17T10:16:51.073
 9月 17 10:16:51 ubuntu dockerd[2760]: time="2018-09-17T10:16:51.073
 9月 17 10:16:51 ubuntu dockerd[2760]: time="2018-09-17T10:16:51.082
 9月 17 10:16:51 ubuntu systemd[1]: Started Docker Application Conta
```

其中 systemctl 命令用来控制 Ubuntu 系统中的各项服务,start 命令用来启动某项具体的服务,而 status 命令则可以查看某项服务的状态。

2.2.2 通过软件包安装 Docker

如果用户的电脑不能直接访问 Docker 的远程仓库,可以通过将软件包下载到本地,再执行命令进行安装。

Docker 安装包下载的地址为:

```
https://download.docker.com/linux/ubuntu
```

(1) 安装 curl 及其相关组件。

为了能够下载软件包,用户需要在 Ubuntu 中安装与下载文件有关的软件包 curl。如果用户电脑中已经安装了该软件包,则可以跳过该步骤。

```
chunxiao@ubuntu:~$ sudo apt install apt-transport-https ca-certificates curl software-properties-common
```

(2) 在/etc/apt/sources.list.d/docker.list 文件中添加以下内容:

```
deb [arch=amd64] https://download.docker.com/linux/ubuntu bionic stable
```

(3) 添加密钥,执行如下命令,命令的执行结果如下所示:

```
chunxiao@ubuntu:~$ curl -fsSL https://download.docker.com/linux/ubuntu/gpg | sudo apt-key add -
OK
```

（4）更新本地软件包索引。由于在步骤（2）中添加了新的安装源，因此需要更新本地软件包索引，以获取完整的软件包列表。

```
chunxiao@ubuntu~$ sudo apt update
```

（5）安装 Docker，命令如下：

```
chunxiao@ubuntu:~$ sudo apt install docker-ce
```

2.2.3 测试安装的结果

为了便于用户测试 Docker 是否安装成功，Docker 提供了一个名称为 hello-world 的镜像，用户可以在安装完成之后，直接运行该镜像，执行如下命令，命令的执行结果如下所示：

```
chunxiao@ubuntu:~$ sudo docker run hello-world
Unable to find image 'hello-world:latest' locally
latest: Pulling from library/hello-world
d1725b59e92d: Already exists
Digest: sha256:0add3ace90ecb4adbf7777e9aacf18357296e799f81cabc9fde470971e499788
Status: Downloaded newer image for hello-world:latest

Hello from Docker!
This message shows that your installation appears to be working correctly.

To generate this message, Docker took the following steps:
 1. The Docker client contacted the Docker daemon.
 2. The Docker daemon pulled the "hello-world" image from the Docker Hub.
    (amd64)
 3. The Docker daemon created a new container from that image which runs the
    executable that produces the output you are currently reading.
 4. The Docker daemon streamed that output to the Docker client, which sent it
    to your terminal.

To try something more ambitious, you can run an Ubuntu container with:
 $ docker run -it ubuntu bash

Share images, automate workflows, and more with a free Docker ID:
 https://hub.docker.com/

For more examples and ideas, visit:
 https://docs.docker.com/get-started/
```

前面已经介绍过，docker run 命令可以下载镜像文件，然后创建并启动容器。如果用户看到输出结果中包含以下文本，就表示安装成功了：

```
Hello from Docker!
```

第 3 章
◀ Docker基本管理 ▶

Docker 的管理包括多个方面，例如镜像管理、容器管理、网络管理以及存储管理等。对于这些操作，Docker 提供了许多管理工具，包括命令行以及图形界面。本章将介绍 Docker 的基本管理功能。

本章主要涉及的知识点有：
- 镜像管理：介绍 Docker 镜像的查找、下载、列出、删除以及创建等。
- 容器管理：介绍 Docker 容器的创建、启动、停止、运行、重新启动等管理操作。
- 网络管理：介绍 Docker 网络的创建、连接、删除以及端口映射等操作。

3.1 镜像管理

在 Docker 中，镜像是容器的模板。容器中的虚拟机都是以镜像为模板创建的。Docker 为镜像的创建和更新提供了简单的机制，用户也可以直接从网络中下载已经创建好的镜像文件来直接使用。本节将介绍如何对 Docker 中的镜像进行有效的管理。

3.1.1 查找镜像

当用户在创建容器的时候，可以自己创建所需要的镜像。但是，在绝大多数情况下，用户选择的是从 Docker 镜像仓库中查找所需要的镜像。找到之后，将其从镜像仓库中下载到本地使用。

Docker 提供了 docker search 命令来查找远程镜像仓库中的镜像。该命令的使用方法非常简单，其语法如下：

```
docker search keyword
```

其中，keyword 表示要查找的镜像所包含的关键词。例如，下面的命令查找包含关键词 mysql 的镜像：

```
docker@boot2docker:~$ docker search mysql
NAME          DESCRIPTION           STARS    OFFICIAL   AUTOMATED
mysql         MySQL is a widely …   7164     [OK]
```

```
mariadb            MariaDB is a...      2301      [OK]
mysql/mysql-server Optimized MySQL...   524       [OK]
percona            Percona Server is ... 380      [OK]
…
```

在上面的输出结果中，第 1 列为镜像名称，第 2 列为该镜像的描述信息，第 3 列为用户对于该镜像的评价指数，第 4 列表示该镜像是否为官方发布的镜像，第 5 列表示该镜像是否为自动构建。

 如果 docker search 命令搜索结果比较多，可以使用-s 或者--start 选项来选出那些评价较高的镜像。

3.1.2 下载镜像

查找到合适的镜像之后，用户可以将其下载到本地电脑中，以便于创建容器。Docker 提供了 docker pull 命令来下载镜像。该命令的基本语法如下：

```
docker pull name:tag
```

其中，name 为镜像的名称，镜像名必须完整地包含命名空间和仓库名。如果在同一个仓库中包含多个相同名称的镜像，那么还需要使用 tag 参数指定镜像的标签。如果没有指定标签，那么 Docker 会自动将 latest 作为默认的标签，表示下载最新的镜像。

例如，下面的命令将 Ubuntu 镜像下载到本地电脑中：

```
docker@boot2docker:~$ docker pull ubuntu
Using default tag: latest
latest: Pulling from library/ubuntu
70d53b6cf65a: Pull complete
56f2dc181710: Already exists
c21240e8f2d3: Already exists
4fa065952288: Already exists
429e5e6ba0e8: Already exists
Digest:
sha256:c5aaecd59b35e20f12265fba73ee1db4ff5888b7a4495c0596f0464aa77a4117
 Status: Downloaded newer image for ubuntu:latest
```

通常情况下，镜像都是分层存储的，例如，上面的镜像文件由 5 层构成，其中每一层都可以由不同的镜像共用。再如，在上面的镜像中，后面的 4 层已经存在于本地，所以 docker 命令不会再次从仓库中下载。

在 Docker 的镜像管理中，标签发挥了非常重要的作用，就是用来区分同一个镜像的不同版本。

若在下载镜像时，最后的 Status 为：Tag latest not found in repository，则通常为镜像不存在或者网络有问题。

3.1.3 列出本地镜像

如果用户想要查看已经下载到本地电脑中的镜像，可以使用 docker images 命令。该命令可以直接使用，不加任何参数，如下所示：

```
docker@boot2docker:~$ docker images
REPOSITORY          TAG         IMAGE ID        CREATED          VIRTUAL SIZE
ubuntu              latest      70d53b6cf65a    2 days ago       85.85 MB
centos              latest      ea4b646d9000    11 days ago      200.4 MB
dordoka/tomcat      latest      53076e63352b    7 weeks ago      795.9 MB
...
```

其中第 1 列为镜像名称，第 2 列为镜像的标签，默认标签都为 latest，第 3 列为镜像的 ID，第 4 列为镜像的创建时间，第 5 列为镜像要占用的虚拟空间的大小。

3.1.4 删除镜像

对于当前系统中已经不需要的镜像，为了节省存储空间，系统管理员可以将其删除。删除镜像使用 docker rmi 命令。其中，rmi 中的字母 i 表示镜像。该命令的基本语法如下：

```
docker rmi image ...
```

其中 image 为镜像名称。用户可以同时删除多个镜像，多个镜像名称之间用空格隔开。例如，下面的命令删除名称为 dordoka/tomcat 的本地镜像：

```
docker@boot2docker:~$ docker rmi dordoka/tomcat
Untagged: dordoka/tomcat:latest
Deleted: 53076e63352b3a6c99d5a0c23b662d257f51671b42efd522ac69c0af67bda935
Deleted: 216cf58505b7e38d5fb292f30908d375beb4a90a725ce151aaa1f0bffefff2df
Deleted: d99ce1b3f5f307dfc10dd893e80e9060e5a3dee18c5da32106f821df50b153f3
...
```

若某个镜像被当前系统的某些容器使用，则在删除该镜像时，会出现错误。在这种情况下，用户可以先将使用这个镜像的容器删除，然后再删除该镜像。此外，docker rmi 命令还提供了 -f 选项，用来强制删除某个镜像。但是，将某个镜像强制删除之后，往往会导致某些容器无法运行。所以，为了保证系统数据的一致性，建议用户先将容器删除，再删除镜像。

3.1.5 查看镜像

对于下载到本地的镜像文件，用户可以使用 docker inspect 命令来查询其详细信息。如下所示：

```
docker@boot2docker:~$ docker inspect ubuntu
[
{
    "Id": "70d53b6cf65aafa565b841480cf7dbe9fbfb3615d71b091fb410bbd91ea3ca0e",
    "Parent": "429e5e6ba0e856f588e9a2a60ea60170e5703ecb66eb35f78578b7f7fde9dcdf",
    "Comment": "",
    "Created": "2018-10-19T00:47:56.963343052Z",
    "Container": "28a7fdb71f8e8c20be3188992efc113dad17fcde13a2766c1c1dee2f556cd572",
    "ContainerConfig": {
        "Hostname": "28a7fdb71f8e",
        "Domainname": "",
        "User": "",
        "AttachStdin": false,
        "AttachStdout": false,
        "AttachStderr": false,
        "ExposedPorts": null,
        "PublishService": "",
        "Tty": false,
        "OpenStdin": false,
        "StdinOnce": false,
        "Env": [
            "PATH=/usr/local/sbin:/usr/local/bin:/usr/sbin:/usr/bin:/sbin:/bin"
        ],
        "Cmd": [
            "/bin/sh",
            "-c",
            "#(nop) ",
            "CMD [\"/bin/bash\"]"
        ],
        "Image": "sha256:090c1f21fefc845f5279be616f962136722252041438184cd04bbafe6139aafd",
        "Volumes": null,
        "VolumeDriver": "",
        "WorkingDir": "",
        "Entrypoint": null,
        "NetworkDisabled": false,
        "MacAddress": "",
        "OnBuild": null,
        "Labels": {}
```

```
        },
        "DockerVersion": "17.06.2-ce",
        "Author": "",
        "Config": {
            "Hostname": "",
            "Domainname": "",
            "User": "",
            "AttachStdin": false,
            "AttachStdout": false,
            "AttachStderr": false,
            "ExposedPorts": null,
            "PublishService": "",
            "Tty": false,
            "OpenStdin": false,
            "StdinOnce": false,
            "Env": [
"PATH=/usr/local/sbin:/usr/local/bin:/usr/sbin:/usr/bin:/sbin:/bin"
            ],
            "Cmd": [
                "/bin/bash"
            ],
            "Image":
"sha256:090c1f21fefc845f5279be616f962136722252041438184cd04bbafe6139aafd",
            "Volumes": null,
            "VolumeDriver": "",
            "WorkingDir": "",
            "Entrypoint": null,
            "NetworkDisabled": false,
            "MacAddress": "",
            "OnBuild": null,
            "Labels": null
        },
        "Architecture": "amd64",
        "Os": "linux",
        "Size": 0,
        "VirtualSize": 85848814,
        "GraphDriver": {
            "Name": "aufs",
            "Data": null
        }
    }
]
```

3.1.6 构建镜像

前面我们已经介绍了如何从远程仓库中下载已经构建好的、带有定制内容的 Docker 镜像，那么如何构建自己的镜像呢？

构建 Docker 镜像有两种方法，其一使用 docker commit 命令，其二使用 docker build 命令和 Dockerfile 文件。由于使用 docker build 构建镜像非常繁琐，所以在此不做介绍，读者可以参考相关技术资料。

一般来说，我们不是真正地从头创建一个全新的镜像，而是基于一个已有的基础镜像，如 ubuntu 或 centos 等，来构建出新的镜像。如果真的想从零开始构建出一个全新的镜像，将会非常麻烦。

使用 docker commit 命令构建镜像的过程可以想象为是在往版本控制系统里提交变更。我们先创建一个容器，并在容器里做出修改，就像修改代码一样，最后再将修改结果提交为一个新的镜像。

下面以 Ubuntu 为例，说明如何修改现有的镜像，并且将其结果提交为一个新的镜像。

首先，以交互方式启动一个 Ubuntu 容器，执行如下命令，命令的执行结果如下所示：

```
docker@boot2docker:~$ docker run -i -t ubuntu /bin/bash
root@c539f5dfe0ce:/# apt-get -y update
Get:1 http://archive.ubuntu.com/ubuntu bionic InRelease [242 kB]
Get:2 http://security.ubuntu.com/ubuntu bionic-security InRelease [83.2 kB]
Get:3 http://security.ubuntu.com/ubuntu bionic-security/universe amd64 Packages [109 kB]
Get:4 http://security.ubuntu.com/ubuntu bionic-security/multiverse amd64 Packages [1364 B]
Get:5 http://security.ubuntu.com/ubuntu bionic-security/main amd64 Packages [235 kB]
Get:6 http://archive.ubuntu.com/ubuntu bionic-updates InRelease [88.7 kB]
Get:7 http://archive.ubuntu.com/ubuntu bionic-backports InRelease [74.6 kB]
Get:8 http://archive.ubuntu.com/ubuntu bionic/restricted amd64 Packages [13.5 kB]
Get:9 http://archive.ubuntu.com/ubuntu bionic/main amd64 Packages [1344 kB]
Get:10 http://archive.ubuntu.com/ubuntu bionic/universe amd64 Packages [11.3 MB]
Get:11 http://archive.ubuntu.com/ubuntu bionic/multiverse amd64 Packages [186 kB]
Get:12 http://archive.ubuntu.com/ubuntu bionic-updates/restricted amd64 Packages [10.8 kB]
Get:13 http://archive.ubuntu.com/ubuntu bionic-updates/universe amd64 Packages [718 kB]
Get:14 http://archive.ubuntu.com/ubuntu bionic-updates/multiverse amd64 Packages [6161 B]
Get:15 http://archive.ubuntu.com/ubuntu bionic-updates/main amd64 Packages
```

```
   [526 kB]
   Get:16 http://archive.ubuntu.com/ubuntu bionic-backports/universe amd64
Packages [2975 B]
   Fetched 15.0 MB in 1min 24s (178 kB/s)
   Reading package lists... Done
```

在上面的命令中，docker run 表示启动一个容器，选项-i 表示采用交互方式，-t 表示为当前用户分配一个虚拟终端。而后面的 ubuntu 为镜像名称，/bin/bash 为要执行的命令。在该命令成功执行之后，用户可以发现命令提示符已经发生了改变，其中 root 为当前 Ubuntu 容器的用户，@符号后面的为容器的 ID。关于这个命令，将在后面详细介绍。apt-get 命令用来更新当前的 Ubuntu 系统。

接下来，在容器中安装 Apache2。我们会将这个容器作为一个 Web 服务器来运行，所以想把它的当前状态保存下来。这样我们就不必每次都来创建一个新的容器，并再次在里面安装 Apache 了。

```
   root@c539f5dfe0ce:/# apt-get install -y apache2
   Reading package lists... Done
   Building dependency tree
   Reading state information... Done
   The following additional packages will be installed:
     apache2-bin apache2-data apache2-utils file libapr1 libaprutil1
libaprutil1-dbd-sqlite3 libaprutil1-ldap libasn1-8-heimdal libexpat1
libgdbm-compat4 libgdbm5 libgssapi3-heimdal
     libhcrypto4-heimdal libheimbase1-heimdal libheimntlm0-heimdal
libhx509-5-heimdal libicu60 libkrb5-26-heimdal libldap-2.4-2 libldap-common
liblua5.2-0 libmagic-mgc libmagic1
     libnghttp2-14 libperl5.26 libroken18-heimdal libsasl2-2 libsasl2-modules
libsasl2-modules-db libsqlite3-0 libssl1.1 libwind0-heimdal libxml2 mime-support
netbase openssl perl
     perl-modules-5.26 ssl-cert xz-utils
   …
```

安装完成之后，接下来就是构建镜像。

使用 exit 命令退出当前容器，返回到 Docker 的管理界面。找到刚才使用的那个容器，执行如下命令，命令的执行结果如下所示：

```
   docker@boot2docker:~$ docker ps -a
   CONTAINER ID    IMAGE     COMMAND     CREATED STATUS  PORTS    NAMES
   c539f5dfe0ce    ubuntu    "/bin/bash"    21 minutes ago Exited (127)
8 seconds ago   fervent_chandrasekhar
   …
```

在上面的结果中，第 1 列为容器的 ID。我们将使用这个容器 ID 作为参数来创建新的镜像。执行如下命令，命令的执行结果如下所示：

```
docker@boot2docker:~$ docker commit c539f5dfe0ce demo/webserver
c8d4341cba0ad2a0ddcd98fb45675045ba32d74ec2aed85b66ee18e0b38e8bfe
docker@boot2docker:~$ docker images
REPOSITORY         TAG        IMAGE ID           CREATED              VIRTUAL SIZE
demo/webserver     latest     c8d4341cba0a       9 seconds ago
205.4 MB
…
```

在上面的命令中，c539f5dfe0ce 为前面修改的容器对应的 ID，demo/webserver 为新的镜像的名称。当 docker commit 命令执行完成之后，可以使用 docker images 命令查看镜像是否创建成功。

3.1.7 镜像标签管理

镜像的标签可以区分不同的版本，在语法上面，标签和镜像名称之间通过冒号":"隔开。Docker 提供了 docker tag 命令来设置镜像的标签，其语法如下：

```
docker tag source_image[:tag] target_image[:tag]
```

其中，source_image 为源镜像，target_image 为目标镜像。例如，下面的命令将名称为 httpd 的镜像标识为 local 仓库中的 httpd：

```
[root@localhost ~]# docker tag httpd local/httpd
```

设置完成之后，查看当前系统中的镜像，如下所示：

```
[root@localhost ~]# docker images
REPOSITORY          TAG        IMAGE ID           CREATED         SIZE
docker.io/nginx     latest     881bd08c0b08       7 weeks ago     109 MB
httpd               latest     d3a13ec4a0f1       2 months ago    132 MB
local/httpd         latest     d3a13ec4a0f1       2 months ago    132 MB
```

上面输出中的最后一行即为刚刚添加标签的新镜像。实际上 httpd 和 local/httpd 共用一个存储空间，只是标签不同而已。

除了名称之外，还可以修改镜像的标签，如下所示：

```
[root@localhost ~]# docker tag httpd local/httpd:v2.1
```

在上面的命令中，指定镜像的标签为 v2.1。执行完成之后，查看镜像列表：

```
[root@localhost ~]# docker images
REPOSITORY       TAG        IMAGE ID           CREATED         SIZE
httpd            latest     d3a13ec4a0f1       2 months ago    132 MB
local/httpd      latest     d3a13ec4a0f1       2 months ago    132 MB
local/httpd      v2.1       d3a13ec4a0f1       2 months ago    132 MB
…
```

在上面的输出结果中，最后一行即为刚刚设置标签的镜像，其 TAG 为 v2.1。

还可以通过镜像 ID 来引用镜像，如下所示：

```
[root@localhost ~]# docker tag d3a13ec4a0f1 local/httpd:v2.4
[root@localhost ~]# docker images
REPOSITORY          TAG        IMAGE ID         CREATED         SIZE
httpd               latest     d3a13ec4a0f1     2 months ago    132 MB
local/httpd         latest     d3a13ec4a0f1     2 months ago    132 MB
local/httpd         v2.1       d3a13ec4a0f1     2 months ago    132 MB
local/httpd         v2.4       d3a13ec4a0f1     2 months ago    132 MB
```

3.2 容器管理

如果说镜像是一种静态的文件，那么容器则是一种动态的存在。在 Docker 中，容器是提供服务的主体。管理好容器，是系统管理员最主要的任务之一。本节将详细介绍容器的管理方法。

3.2.1 创建容器

容器是 Docker 提供网络服务的主体。为了能够提供 MySQL、Apache 等网络服务，用户必须创建对应的容器。

在 Docker 中，用户可以通过两种方式来创建容器。首先，用户可以通过 docker create 命令来创建一个容器，创建的新容器处于停止状态。其次，docker run 命令也可以创建一个新的容器，并且会启动该容器。

docker create 命令基本语法如下：

```
docker create [options] image
```

其中，用户可以通过 options 为容器指定相应的选项，用来设置新的容器。常用的选项有：

- --add-host=[]：指定主机到 IP 地址的映射关系，其格式为 host:ip。
- --dns=[]：为容器指定域名服务器。
- -h：为容器指定主机名。
- -i：打开容器的标准输入。
- --name：指定容器名称。
- -u, --user=：创建用户。

通常情况下，用户在创建容器时只要指定镜像名称及其版本即可。其他的都可以采用默认的选项。例如，下面的命令创建一个 centos 容器：

```
docker@boot2docker:~$ docker create centos
8aba283b4b1941071f132f050519b4312c228b748e60a67af859dd104c4872da
docker@boot2docker:~$ docker ps -a
```

```
CONTAINER ID     IMAGE      COMMAND      CREATED           STATUS    PORTS    NAMES
8aba283b4b19     centos     "/bin/bash"  11 seconds ago    Created            stoic_ torvalds
...
```

当 docker create 命令成功执行之后，会返回一个字符串，该字符串为新容器的 ID。随后的 docker ps 命令列出了刚才创建的容器及其有关的信息。

在 docker create 命令中，镜像可以指定标签或者版本号，如下所示：

```
docker@boot2docker:~$ docker create centos:latest
```

latest 标签表示使用最新版本的镜像创建容器。

当在本地电脑中不存在用户指定的镜像时，docker 会自动搜索远程仓库。找到之后，会自动将其下载到本地，然后再创建容器。

docker run 命令不仅仅可以创建容器，而且在创建之后，会立即启动该容器。docker run 命令与 docker create 命令的语法大同小异。只是有 2 个选项需要特别注意：

● 第 1 个选项为-t，该选项的功能是：为当前的容器分配一个命令行虚拟终端，以便于用户与容器交互，以该选项创建的容器可以称为交互式容器。

● 第 2 个选项为-d，以该选项创建的容器称为后台型容器，新的容器保持在后台运行。

例如，下面的命令创建一个名称为 demo_centos 的容器，创建之后立即启动该容器，并且进入交互模式。

```
docker@boot2docker:~$ docker run -i -t --name demo_centos centos /bin/bash
[root@d25f10dba679 /]#
```

从上面命令的执行结果可知，当 docker run 命令成功执行之后，命令提示符已经发生了改变，如下所示：

```
root@d25f10dba679 /#
```

其中 root 表示当前登录的用户为 root，@符号后面的字符串为容器 ID，#表示当前为超级用户。

 在上面的命令中，最后的/bin/bash 告诉 docker 要在容器中执行此命令。

当用户通过以上方式创建容器之后，就可以直接在容器中执行所需要的操作了，例如管理文件或者服务等。

如果用户想退出当前容器，可以在命令行中输入 exit 命令，即可返回到 Docker 的管理窗口。

下面的名称创建一个后台型容器：

```
docker@boot2docker:~$ docker run -d centos
304146f2d20470f85d9b50e5e27844ad12b1842bada46d61b063b52027e3ead3
```

3.2.2 查看容器

在日常的容器管理中，用户需要经常地了解当前系统中容器的情况。其中，最常见的操作就是把当前系统中的容器罗列出来。Docker 提供了 docker ps 命令来查看当前系统中的容器，这个命令与 Linux 中的 ps 或者 ls 命令非常相似。其基本语法如下：

```
docker ps
```

例如，下面的命令列出当前系统中正在运行的容器：

```
docker@boot2docker:~$ docker ps
CONTAINER ID   IMAGE    COMMAND       CREATED      STATUS       PORTS   NAMES
83db80679775   ubuntu   "/bin/bash"   5 days ago   Up4seconds           cranky_swartz
docker@boot2docker:~$
```

在上面的输出结果中，CONTAINER ID 为容器的标识，IMAGE 为创建容器的镜像，COMMAND 为容器最后执行的命令，CREATED 为创建容器的时间，STATUS 为容器的当前状态，PORTS 为容器对外开放的端口。NAMES 为容器名称，可以和容器 ID 一样唯一标识容器，同一台宿主机上不允许存在有同名的容器，否则会冲突。

而对于处于其他状态的容器，默认的 docker ps 并没有列出来。为了显示这些不在运行中的容器，用户需要使用 -a 选项。该选项的功能是列出当前系统中所有的容器，包括运行中的容器以及处于停止状态的容器，如下所示：

```
docker@boot2docker:~$ docker ps -a
CONTAINER ID   IMAGE    COMMAND       CREATED        STATUS    PORTS   NAMES
304146f2d204   centos   "/bin/bash"   54 minutes …   Exited…           boring_perlman
83db80679775   ubuntu   "/bin/bash"   5…             Up…               cranky_ swartz
b59b5ffcc336   centos   "/bin/bash"   7 …            Exited…           sharp_ meitner
…
```

从上面的输出结果可以看出，有些容器的状态为 Exited，表示该容器已经停止运行；有些容器的状态为 Up，表示该容器处于运行状态；有些容器的状态为 Created，表示该容器创建后没有启动过。

随着系统运行时间的增加，系统中的容器会越来越多。在这种情况下，查找某个容器会变得非常困难。此时，用户在使用 docker ps 命令时，可以通过一些条件进行筛选。例如，下面的命令列出名称中包含 crank 字符串的容器：

```
docker@boot2docker:~$ docker ps -a -f name=crank
```

其中 -f 选项表示指定筛选条件，筛选条件采用以下形式：

```
field=value
```

其中 field 表示 name、image 以及 status 等字段。

下面的命令列出在某个容器创建之前创建的所有容器：

```
docker@boot2docker:~$ docker ps -a --before=demo_centos
```

--before 选项后面可以指定一个容器名称或者标识。

下面的命令列出某个容器创建之后创建的容器：

```
docker@boot2docker:~$ docker ps -a --since=demo_centos
```

--since 后面跟随的同样是一个容器名称或者标识。

3.2.3 启动容器

对于处于停止状态的容器，用户可以通过 docker start 命令来启动。该命令的使用方法比较简单，直接指定要启动的容器的名称或者标识即可。

例如，下面的命令启动名称为 cranky_swartz 的容器：

```
docker@boot2docker:~$ docker start cranky_swartz
cranky_swartz
```

除了使用 docker start 命令启动之后，docker 容器还支持重新启动。例如，下面的命令重新启动名称为 cranky_swartz 的容器：

```
docker@boot2docker:~$ docker restart cranky_swartz
cranky_swartz
```

 除了使用 docker start 和 docker restart 命令之外，前面介绍的 docker run 命令也可以启动容器。

3.2.4 停止容器

Docker 提供了两个命令来停止处于运行状态中的容器，这两个命令分别是 docker stop 和 docker kill。下面分别介绍这两个命令的使用方法。

docker stop 命令通过发送停止信号给容器，让其停止运行。该命令的语法如下：

```
docker stop container
```

其中，container 参数为容器的名称或者标识。例如，下面的命令将名称为 cranky_swartz 的容器停止：

```
docker@boot2docker:~$ docker stop cranky_swartz
cranky_swartz
```

在某些特殊情况下，会出现容器无法停止的现象。此时，用户可以指定在强制停止容器前等待的时间。等待时间可以通过-t 选项来指定，时间单位为秒。如果超过等待时间，容器还没有正常停止，系统将会强制停止该容器。

```
docker@boot2docker:~$ docker stop -t 10 cranky_swartz
cranky_swartz
```

上面的命令会在强制停止名称为 cranky_swartz 的容器前等待 10 秒。

docker kill 命令用来强制终止某个容器。与 docker stop 命令不同，该命令发送的是 KILL 信号，收到该信号后，容器会立即终止运行。如下所示：

```
docker@boot2docker:~$ docker kill cranky_swartz
cranky_swartz
```

 在一般情况下，尽量避免使用 docker kill 命令，以防止数据丢失。

3.2.5 删除容器

最后介绍容器的删除方法。对于不再需要的容器，可以将其从系统中删除。删除容器使用 docker rm 命令。该命令的参数为容器名称或者标识。例如，下面的命令删除标识为 c539f5dfe0ce 的容器：

```
docker@boot2docker:~$ docker rm c539f5dfe0ce
c539f5dfe0ce
```

对于正在运行的容器，需要首先将其停止，然后再删除。否则，会出现无法删除的错误。

3.3 网络管理

当我们开始大规模使用 Docker 时，就会发现需要了解很多关于网络的知识。Docker 作为目前最火的轻量级容器技术，有很多令人称道的功能，如 Docker 的镜像管理。然而，Docker 同样有着很多不完善的地方，网络方面就是 Docker 比较薄弱的部分。因此，我们有必要深入了解 Docker 的网络知识，以满足更高的网络需求。本文首先介绍了 Docker 自身的 4 种网络工作方式，然后介绍一些自定义的网络模式。

3.3.1 Docker 网络原理

无论是在 Windows 中，还是在 Linux 中，当 Docker 安装完成之后，Docker 都会在宿主机中创建一个虚拟网桥，通过该网桥实现容器之间以及容器与外部网络的连接。通常情况下，虚拟网桥的名称为 docker0。例如，在 Linux 系统中，该虚拟网桥的信息如下：

```
[root@localhost ~]# ip link show
1: lo: <LOOPBACK,UP,LOWER_UP> mtu 65536 qdisc noqueue state UNKNOWN mode DEFAULT group default qlen 1000
    link/loopback 00:00:00:00:00:00 brd 00:00:00:00:00:00
```

```
2: ens33: <BROADCAST,MULTICAST,UP,LOWER_UP> mtu 1500 qdisc pfifo_fast state UP
mode DEFAULT group default qlen 1000
    link/ether 00:0c:29:23:c2:bb brd ff:ff:ff:ff:ff:ff
3: docker0: <BROADCAST,MULTICAST,UP,LOWER_UP> mtu 1500 qdisc noqueue state UP
mode DEFAULT group default
    link/ether 02:42:2f:d2:fe:48 brd ff:ff:ff:ff:ff:ff
…
```

在上面的输出中，编号为 3 的网络接口 docker0 即为 Docker 创建的虚拟网桥。

为了便于读者理解 Docker 的网络原理，下面先介绍一下 OSI 网络模型。OSI 网络模型是国际标准化组织（ISO）制定的一个用于计算机或通信系统间互联的标准体系。它是一个七层的抽象模型体，不仅包括一系列抽象的术语或概念，也包括具体的协议。OSI 网络模型的七层架构如图 3-1 所示。

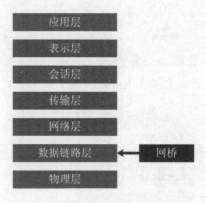

图 3-1 OSI 七层网络模型

自下而上，这七层分别为物理层、数据链路层、网络层、传输层、会话层、表示层以及应用层，每层中都定义了不同的网络协议。其中应用层是网络服务与最终用户的一个接口，而物理层则通常包含一些网络传输的物理介质。

网桥工作在 OSI 七层模型中的数据链路层。网桥是早期的两端口二层网络设备，用来连接不同网段。网桥就像一个聪明的中继器，中继器从一根网络电缆中接收信号，放大它们，再将其送入下一根电缆。网桥将网络中的多个网段在数据链路层连接起来。

在 Docker 中，各个容器是通过一个名称为 docker0 的虚拟网桥实现互连的。该虚拟网桥可以设置 IP 地址，相当于一个隐藏的虚拟网卡。

docker 守护进程在一个容器中启动时，实际上它要创建网络连接的两端。一端是在容器中的网络设备，而另一端是在运行 docker 守护进程的主机上打开一个名为 veth* 的一个接口，用来实现 docker0 这个网桥与容器的网络通信，如图 3-2 所示。

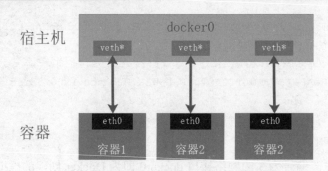

图 3-2　Docker 网络连接

用户可以通过 brctl 命令来查虚拟网桥 docker0 的信息，如下所示：

```
[root@localhost ~]# brctl show
bridge name     bridge id               STP enabled     interfaces
docker0         8000.02420861f078       no              veth58e4562
                                                        vethbfbf122
```

从上面的输出结果可以看出，当前有 2 个网络接口桥接到 docker0 上面，分别为 veth58e4562 和 vethbfbf122，这 2 个网络接口分别属于 2 个容器。

3.3.2　网络模式

目前，Docker 支持四种网络模式，网络模式可以在创建容器时使用 --network 选项来指定。这四种网络模式分别是 host、container、none 以及 bridge。下面分别对这四种网络模式进行介绍。

1. host 模式

众所周知，Docker 使用了 Linux 的命名空间来进行资源隔离，如 PID 命名空间隔离进程，Mount 命名空间隔离文件系统，Network 命名空间隔离网络等。一个 Network 命名空间提供了一份独立的网络环境，包括网卡、路由、iptable 规则等都与其他的 Network 命名空间隔离。一个 Docker 容器一般会分配一个独立的 Network 命名空间。但是，如果启动容器的时候使用 host 模式，那么这个容器将不会获得一个独立的 Network 命名空间，而是和宿主机共用一个 Network 命名空间。容器将不会虚拟出自己的网卡，配置自己的 IP 地址等，而是使用宿主机的 IP 和端口。

例如，以下面的命令创建一个 CentOS 容器：

```
[root@localhost ~]# docker run -d -ti --network=host centos
2e7671e6e72afd9b03073e0127d15f55185de0d1397439694729d752e1bf698b
```

创建完成之后，在容器中查看网络参数，如下所示：

```
[root@localhost ~]# docker exec 2e7671e6e72a ip a show
1: lo: <LOOPBACK,UP,LOWER_UP> mtu 65536 qdisc noqueue state UNKNOWN group default qlen 1000
```

```
        link/loopback 00:00:00:00:00:00 brd 00:00:00:00:00:00
        inet 127.0.0.1/8 scope host lo
           valid_lft forever preferred_lft forever
        inet6 ::1/128 scope host
           valid_lft forever preferred_lft forever
    2: ens33: <BROADCAST,MULTICAST,UP,LOWER_UP> mtu 1500 qdisc pfifo_fast state UP
group default qlen 1000
        link/ether 00:0c:29:23:c2:bb brd ff:ff:ff:ff:ff:ff
        inet 192.168.1.139/24 brd 192.168.1.255 scope global noprefixroute dynamic
ens33
           valid_lft 5885sec preferred_lft 5885sec
        inet6 fe80::b5d2:f5b5:7e79:9bb8/64 scope link noprefixroute
           valid_lft forever preferred_lft forever
    3: docker0: <BROADCAST,MULTICAST,UP,LOWER_UP> mtu 1500 qdisc noqueue state UP
group default
        link/ether 02:42:08:61:f0:78 brd ff:ff:ff:ff:ff:ff
        inet 172.17.0.1/16 brd 172.17.255.255 scope global docker0
           valid_lft forever preferred_lft forever
        inet6 fe80::42:8ff:fe61:f078/64 scope link
           valid_lft forever preferred_lft forever
   13: veth1353bef@if12: <BROADCAST,MULTICAST,UP,LOWER_UP> mtu 1500 qdisc noqueue
master docker0 state UP group default
        link/ether 36:c8:a0:81:41:97 brd ff:ff:ff:ff:ff:ff link-netnsid 0
        inet6 fe80::34c8:a0ff:fe81:4197/64 scope link
           valid_lft forever preferred_lft forever
   23: vethafaa9e5@if22: <BROADCAST,MULTICAST,UP,LOWER_UP> mtu 1500 qdisc noqueue
master docker0 state UP group default
        link/ether 22:2e:96:b0:fd:62 brd ff:ff:ff:ff:ff:ff link-netnsid 1
        inet6 fe80::202e:96ff:feb0:fd62/64 scope link
           valid_lft forever preferred_lft forever
```

从上面的输出结果可以发现，实际上这些网络信息正是主机的网络信息。

2. container 模式（容器模式）

在理解了 host 模式后，这个模式也就好理解了。这个模式指定新创建的容器和已经存在的一个容器共享一个 Network 命名空间，而不是和宿主机共享。新创建的容器不会创建自己的网卡，配置自己的 IP 地址，而是和一个指定的容器共享 IP 地址、端口范围等。同样，两个容器除了网络方面，其他的如文件系统、进程列表等还是隔离的。两个容器的进程可以通过共享的网卡设备通信。

3. none 模式（无模式）

这个模式和前两个不同。在这种模式下，Docker 容器拥有自己的 Network 命名空间，但是，并不为 Docker 容器进行任何网络配置。也就是说，这个 Docker 容器没有网卡、IP 地址、路由等信息。需要我们自己为 Docker 容器添加网卡、配置 IP 等。

4. bridge 模式（桥接模式）

bridge 模式是 Docker 默认的网络设置，此模式会为每一个容器分配 Network 命名空间、设置 IP 地址等，并将一个主机上的 Docker 容器连接到一个虚拟网桥上。

3.3.3 Docker 容器的互连

由于同一个主机中所有的容器都连接在同一个虚拟网桥 docker0 上，因此在默认情况下，同一主机中的容器之间是可以互相连接的。

为了便于测试，用户需要首先按照前面介绍的方法，创建两个 CentOS 的容器。在本例中，这 2 个容器的 ID 分别为 413545ae2733 和 32e958006828。当然，其他用户所创建的容器之 ID 不可能与这 2 个 ID 完全相同，在以本例进行实践操作的时候，将容器 ID 替换为正确的 ID 即可。

接下来，使用 ip 命令分别查看这 2 个容器的 IP 地址，如下所示：

```
[root@localhost ~]# docker exec 413545ae2733 ip a show
1: lo: <LOOPBACK,UP,LOWER_UP> mtu 65536 qdisc noqueue state UNKNOWN group default qlen 1000
    link/loopback 00:00:00:00:00:00 brd 00:00:00:00:00:00
    inet 127.0.0.1/8 scope host lo
       valid_lft forever preferred_lft forever
22: eth0@if23: <BROADCAST,MULTICAST,UP,LOWER_UP> mtu 1500 qdisc noqueue state UP group default
    link/ether 02:42:ac:11:00:03 brd ff:ff:ff:ff:ff:ff link-netnsid 0
    inet 172.17.0.3/16 brd 172.17.255.255 scope global eth0
       valid_lft forever preferred_lft forever
[root@localhost ~]# docker exec 32e958006828 ip a show
1: lo: <LOOPBACK,UP,LOWER_UP> mtu 65536 qdisc noqueue state UNKNOWN group default qlen 1000
    link/loopback 00:00:00:00:00:00 brd 00:00:00:00:00:00
    inet 127.0.0.1/8 scope host lo
       valid_lft forever preferred_lft forever
12: eth0@if13: <BROADCAST,MULTICAST,UP,LOWER_UP> mtu 1500 qdisc noqueue state UP group default
    link/ether 02:42:ac:11:00:02 brd ff:ff:ff:ff:ff:ff link-netnsid 0
    inet 172.17.0.2/16 brd 172.17.255.255 scope global eth0
       valid_lft forever preferred_lft forever
```

从上面的输出结果可知，这 2 个容器的 IP 地址分别为 172.17.0.2 和 172.17.0.3。然后，分别在这 2 个容器中使用 ping 命令测试是否可以与对方通信，结果如下：

```
[root@localhost ~]# docker exec 32e958006828 ping 172.17.0.2
```

```
PING 172.17.0.2 (172.17.0.2) 56(84) bytes of data.
64 bytes from 172.17.0.2: icmp_seq=1 ttl=64 time=0.052 ms
64 bytes from 172.17.0.2: icmp_seq=2 ttl=64 time=0.125 ms
64 bytes from 172.17.0.2: icmp_seq=3 ttl=64 time=0.234 ms
64 bytes from 172.17.0.2: icmp_seq=4 ttl=64 time=0.105 ms
…
[root@localhost ~]# docker exec 413545ae2733 ping 172.17.0.3
PING 172.17.0.3 (172.17.0.3) 56(84) bytes of data.
64 bytes from 172.17.0.3: icmp_seq=1 ttl=64 time=0.045 ms
64 bytes from 172.17.0.3: icmp_seq=2 ttl=64 time=0.074 ms
64 bytes from 172.17.0.3: icmp_seq=3 ttl=64 time=0.127 ms
…
```

从上面的输出结果可知，这 2 个容器都可以与对方通信。

在默认情况下，容器的 IP 地址是随机分配的，并且每次启动容器都有可能发生变化。若用户使用--ip 选项为容器指定固定 IP，则需要创建自定义网络。

3.3.4 容器与外部网络的互连

容器与外部网络的互连涉及两个方面，第一是容器内部访问外部网络，其次是外部网络访问容器内部。下面首先介绍容器内部访问外部网络。

由于容器通过自己的网络接口桥接到虚拟网桥 docker0 上，而 docker0 则是与主机互通的，因此在默认情况下，容器内部是可以访问外部网络的，如下所示：

```
[root@localhost ~]# docker exec 413545ae2733 ping www.baidu.com
PING www.a.shifen.com (14.215.177.39) 56(84) bytes of data.
64 bytes from 14.215.177.39 (14.215.177.39): icmp_seq=1 ttl=55 time=8.57 ms
64 bytes from 14.215.177.39 (14.215.177.39): icmp_seq=2 ttl=55 time=12.5 ms
64 bytes from 14.215.177.39 (14.215.177.39): icmp_seq=3 ttl=55 time=11.8 ms
64 bytes from 14.215.177.39 (14.215.177.39): icmp_seq=4 ttl=55 time=12.3 ms
…
```

在创建容器时，用户可以通过--network 选项指定容器的网络类型，网络类型可以包括 bridge、none、host 以及 container 这 4 种类型。

接下来重点介绍一下外部网络如何访问容器内部。通常情况下，外部网络是不可以直接访问容器内部的。如果需要访问容器提供的网络服务，就需要通过端口映射，也就是将主机的某个端口映射到容器的网络服务端口。通过端口映射，用户只要访问主机的指定端口就可以了。

例如，通过下面的命令创建一个 Apache HTTP Sever 的容器，并且将主机的 80 端口映射到容器的 80 端口：

```
[root@localhost ~]# docker run -itd -p 80:80 httpd
```

```
33d8229e137eba62e4ccb53b45668d9265f6e91f8fc9ad49aa2b3d9f3f047d79
```

然后通过浏览器访问主机的 80 端口，出现的是 Apache HTTP Server 的默认首页，如图 3-3 所示。

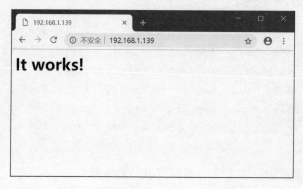

图 3-3　Apache HTTP Server 默认首页

第 4 章

Kubernetes初步入门

从本章开始,将接触到本书的主角 Kubernetes。为了能够使得读者比较容易地快速接受 Kubernetes,本书将介绍什么是 Kubernetes,以及 Kubernetes 涉及的重要概念。

本章涉及的知识点有:

- 什么是 Kubernetes:介绍 Kubernetes 的基本概念,Kubernetes 的发展历史以及为什么使用 Kubernetes 等。
- Kubernetes 重要概念:介绍 Kubernetes 中的重要概念,主要包括 Cluster、Master、Pod、卷、服务以及命名空间等。

4.1 Kubernetes 技术

Kubernetes 是容器技术快速发展的产物。Kubernetes 的出现使得大量服务器的运维变得便捷、简单起来。本节先从最简单的概念开始,向读者循序渐进地介绍 Kubernetes。

4.1.1 什么是 Kubernetes

简单地讲,Kubernetes 是一套自动化容器运维的开源平台,这些运维操作包括部署、调度和节点集群的间扩展。在前面几章中,我们简单介绍了 Docker。实际上,可以将 Docker 看作是 Kubernetes 内部使用的低级别的组件,而 Kubernetes 则是管理 Docker 容器的工具。如果把 Docker 的容器比作是飞机,那么 Kubernetes 则是机场。

4.1.2 Kubernetes 的发展历史

早在十年前,Google(谷歌)公司就开始大规模地使用容器技术。据说,Google 的数据中心中运行着 20 多亿个容器。管理好如此数量庞大的容器是一件非常困难的事情。因此,Google 开发了一套叫作 Borg 的系统来对容器进行调度和管理。

在经过多年的实践、经验积累和改进之后,Google 重新编写了这套容器管理系统,并且将其贡献给开源社区。Kubernetes 一经开源就一鸣惊人,并迅速称霸了容器技术领域。

在刚开源的前两年,Kubernetes 只有五个主要版本。从 2017 年起,它相继推出了 1.6、1.7、

1.8、1.9，围绕稳定性以及性能做了改进。而在 2018 年，Kubernetes 更进一步，又进行了 4 次重大更新，在企业最关注的安全性和可扩展性上有了显著的改善。

2018 年 3 月 27 日，Kubernetes v1.10 发布。此版本持续增强了 Kubernetes 的成熟性、可扩展性以及可插拔性，并在存储、安全、网络方面增强了其稳定性。

2018 年 6 月 28 日，Kubernetes v1.11 发布。此版本增强了网络功能、可扩展性与灵活性。Kubernetes v1.11 功能的更新为在任何基础架构、云或内部部署都能嵌入到 Kubernetes 系统中，因而增添了更多的可能性。

2018 年 9 月 28 日，Kubernetes v1.12 发布。此版本新增了两个备受期待的功能，Kubernetes TLS Bootstrap 和对 Azure 虚拟机规模集的支持（并已达到 GA 阶段）。同时该版本在安全性和 Azure 等关键功能上进行了改进。

2018 年 12 月 4 日，Kubernetes v1.13 发布。此版本是迄今为止发布时间最短的版本之一。这一周期的三个主要特性已逐渐过渡到 GA。此版本中的显著特征包括：使用 kubeadmin 简化集群管理、使用 Container Storage Interface（CSI，容器存储接口）、以 CoreDNS 作为默认 DNS。

Kubernetes 所处的时间点是传统和现代软件开发日益高涨的交叉点。根据 CNCF 统计数据，2018 年，云原生技术增长了 200%，全球有近三分之一的企业正在运营多达 50 个容器，运营 50 至 249 个容器的企业占比也超过 25%，有超过 80% 的受访者把 Kubernetes 作为容器管理的首选。

Kubernetes 是当前唯一被业界广泛认可和看好的 Docker 分布式系统解决方案，可以预见，在未来几年内，会有大量新系统选择它。容器化技术已经成为计算模型演化的一个开端，Kubernetes 作为容器开端的 Docker 容器集群管理技术，在这场新的技术革命中扮演着重要的角色，将具有不可预估的应用前景和商业价值。

4.1.3 为什么使用 Kubernetes

Kubernetes 是一个自动化部署、具有可伸缩性的用于操作应用程序容器的开源平台。使用 Kubernetes，我们可以快速、高效地满足用户以下的需求：

- 快速精准地部署应用程序。
- 即时伸缩我们的应用程序。
- 无缝展现新特征。
- 限制硬件用量仅为所需资源。

Kubernetes 具有以下明显的优势：

- 可移动：公有云、私有云、混合云、多态云。
- 可扩展：模块化、插件化、可挂载、可组合。
- 自修复：自动部署、自动重启、自动复制、自动扩容和缩容。

为什么我们需要 Kubernetes，它能做什么？

至少，Kubernetes 能在物理机或虚拟机集群上调度和运行程序容器。而且，Kubernetes 也能让开发者斩断联系着物理机或虚拟机的"锁链",从以主机为中心的架构跃升至以容器为中心的架构。该架构最终提供给开发者诸多内在的优势和便利。Kubernetes 提供了在基础架构上真正的以容器为中心的开发环境。

Kubernetes 满足了一系列产品内运行程序的普通需求,诸如:

- 协调辅助进程,协助应用程序整合,维护一对一"程序 – 镜像"模型。
- 挂载存储系统。
- 分布式机密信息。
- 检查程序状态。
- 复制应用实例。
- 负载均衡。
- 滚动更新。
- 资源监控。
- 访问并读取日志。
- 程序调试。
- 提供验证与授权。

4.2 Kubernetes 重要概念

了解和掌握 Kubernetes 中的重要概念是非常有必要的。只有深入理解 Kubernetes 的各个基本概念,才能掌握各个组件的功能,从而能够快速地部署和维护 Kubernetes。本节将对 Kubernetes 中的重要概念进行介绍。

4.2.1 Cluster(集群)

在 Kubernetes 中,Cluster(集群)是计算、存储和网络资源的集合。Kubernetes 利用这些基础资源来运行各种应用程序。因此,Cluster 是整个 Kubernetes 容器集群的基础环境。

4.2.2 Master(主控)

Master(主控)是指集群的控制节点。在每个 Kubernetes 集群中,都至少有一个 Master 节点来负责整个集群的管理和控制。几乎所有的集群控制命令都是在 Master 上面执行的。因此,Master 是整个集群的大脑。正因为 Master 如此重要,所以为了实现高可用性,用户可以部署多个 Master 节点。Master 节点可以是物理机,也可以是虚拟机。

通常来说,Master 上运行了以下关键的进程:

1. Kubernetes API Server(Kubernetes API 服务器)

Kubernetes API Server(Kubernetes API 服务器)的进程名称为 kube-apiserver。Kubernetes

API Server 提供了 Kubernetes 各类资源对象的增、删、改、查的 HTTP Rest 接口，是整个系统的数据总线和数据中心。Kubernetes API Server 提供了集群管理的 REST API 接口，包括认证授权、数据校验以及集群状态变更，提供了其他模块之间的数据交互和通信的枢纽，是资源配额控制的入口，拥有完备的集群安全机制。

2. Kubernetes Controller Manager（Kubernetes 控制器管理器）

Kubernetes Controller Manager（Kubernetes 控制器管理器）作为集群内部的管理控制中心，负责集群内的 Node 节点、Pod 副本、服务端点（Endpoint）、命名空间（Namespace）、服务账号（ServiceAccount）、资源配额（ResourceQuota）的管理。当某个 Node 意外宕机时，Controller Manager 会及时发现并执行自动化修复流程，确保集群始终处于预期的工作状态。

3. Kubernetes Scheduler（Kubernetes 调度器）

Kubernetes Scheduler（Kubernetes 调度器）的作用是根据特定的调度算法把 Pod 调度到指定的工作节点（Node）上，这一过程也叫绑定（Bind）。Scheduler 的输入为需要调度的 Pod 和可以被调度的节点的信息，输出为调度算法选择的 Node 节点，并将该 Pod 绑定到这个 Node 节点。

4. Etcd

Etcd 是 Kubernetes 集群中的一个十分重要的组件，用于保存集群所有的网络配置和对象的状态信息。

4.2.3 Node（节点）

在 Kubernetes 中，除了 Master 节点之外，其他的节点都称为 Node 节点（注意：Node 这个英文单词本身就是节点的意思）。与 Master 节点不同，Node 节点才是 Kubernetes 中的承担主要计算功能的工作节点。Node 节点可以是一台物理机，也可以是一台虚拟机。

整个 Kubernetes 集群中的 Node 节点协同工作，Master 会根据实际情况将某些负载分配给各个 Node 节点。当某个 Node 节点出现故障时，其他的 Node 节点会替代其功能。

Node 节点上运行以下主要进程：

1. Kubelet

在 Kubernetes 集群中，每个 Node 节点都会启动 kubelet 进程，用来处理 Master 节点下发到本节点的任务，管理 Pod 和其中的容器。kubelet 会在 API Server 上注册节点信息，定期向 Master 汇报节点资源的使用情况，并通过 cAdvisor 监控容器和节点资源。可以把 kubelet 理解成是一个代理进程，是 Node 节点上的 Pod 管家。

2. Kube-proxy

Kube-proxy 运行在所有 Node 节点上，它监听每个节点上 Kubernetes API 中定义的服务变化情况，并创建路由规则来进行服务负载均衡。

3. Docker 引擎

该 Docker 引擎就是本书前面介绍的 Docker CE 等服务引擎，负责容器的创建和管理等。

4.2.4 Pod

Pod 是 Kubernetes 最基本的操作单元，一个 Pod 中可以包含一个或多个紧密相关的容器，一个 Pod 可以被一个容器化的环境看作应用层的逻辑宿主机。一个 Pod 中的多个容器应用通常是紧密耦合的，Pod 在 Node 节点上被创建、启动或者销毁。每个 Pod 中运行着一个特殊的被称之为 Pause 的容器，其他容器则为业务容器，这些业务容器共享 Pause 容器的网络栈和 Volume 挂载卷，因此它们之间的通信和数据交换更为高效，在设计时我们可以充分利用这一特性将一组密切相关的服务进程放入同一个 Pod 中。

同一个 Pod 里的容器之间仅需通过 localhost 就能互相通信。同一个 Pod 中的业务容器共享 Pause 容器的 IP 地址，共享 Pause 容器挂载的存储卷。

Pod 是 Kubernetes 调度的基本工作单元，Master 节点会以 Pod 为单位，将其调度到 Node 节点上。Pod 的基本组成如图 4-1 所示。

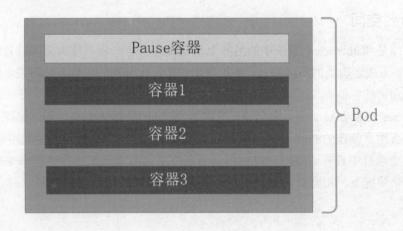

图 4-1　Pod

4.2.5　服务

在 Kubernetes 的集群中，虽然每个 Pod 都会被分配一个单独的 IP 地址，但这个 IP 地址会随着 Pod 的销毁而消失，这就引出一个问题，如果有一组 Pod 组成一个集群来提供服务，那么如何来访问它呢？通过服务即可。

一个服务可以看作一组提供相同服务的 Pod 的对外访问接口，服务作用于哪些 Pod 是通过标签选择器来定义的。服务通常拥有以下特点：

- 拥有一个指定的名字，比如 mysql-server。
- 拥有一个虚拟 IP 地址和端口号，销毁之前不会改变，只能内网访问。

- 能够提供某种远程服务能力。
- 被映射到了提供这种服务能力的一组容器应用上。

如果服务要提供外网服务，就需要指定公共 IP 和 Node 端口，或外部负载均衡器。

4.2.6 卷

默认情况下容器的数据都是非持久化的，在容器消亡以后数据也跟着丢失，所以 Docker 提供了卷机制以便将数据持久化存储。类似的，Kubernetes 提供了更强大的卷机制和丰富的插件，解决了容器数据持久化和容器间共享数据的问题。

与 Docker 不同，Kubernetes 卷的生命周期与 Pod 绑定。容器宕掉后 Kubelet 再次重启容器时，卷的数据依然还在，而 Pod 被删除时，卷才会清理。数据是否丢失取决于具体的卷类型，比如 emptyDir 类型的卷实际上是一个临时空目录，是 Pod 内多用户同享的一个目录。与 Pod 的生命周期一致，这个目录在 Pod 创建时创建，删除时删除。持久化存储卷为独立于计算资源的一种物理存储资源，不属于任何一个 Node 节点。因此，在 Pod 被删除时，不会丢失数据，除非人工将其删除。

4.2.7 命名空间

命名空间是 Kubernetes 系统中的另一个重要概念，通过将系统内部的对象分配到不同的命名空间中，形成逻辑上的不同项目、小组或用户组，从而使得在共享使用整个集群的资源的同时还能分别管理它们。

Kubernetes 集群在启动后，会创建一个名为 default 的默认命名空间，如果不特别指明命名空间，那么用户创建的 Pod、RC、服务都会被系统创建到默认的命名空间中。

当团队或项目中具有许多用户时，可以考虑使用命名空间来区分。在未来的 Kubernetes 版本中，默认情况下，相同命名空间中的对象将具有相同的访问控制策略。

第 5 章

◀ 安装 Kubernetes ▶

在前面一章中,读者已经对 Kubernetes 有了初步的了解。接下来,在本章中,我们将介绍 Kubernetes 的安装方法。Kubernetes 的安装方式非常灵活,用户可以通过软件包管理工具进行安装,也可以通过 kubeadmin 管理工具进行安装,或者通过二进制文件进行安装,甚至可以通过下载源代码、自己编译而后再来安装部署。本章将对 Kubernetes 的主要安装方式进行介绍。

本章涉及的知识点有:

- 通过软件包管理工具安装 Kubernetes:主要介绍如何通过 CentOS 的 yum 软件包管理工具安装 Kubernetes。
- 通过二进制文件安装 Kubernetes:介绍如何通过 Kubernetes 官方提供的二进制文件进行 Kubernetes 的安装部署。
- 通过源代码安装 Kubernetes:介绍如何获取 Kubernetes 源代码,以及如何进行编译和安装部署。

5.1 通过软件包管理工具安装 Kubernetes

Kubernetes 为绝大部分的操作系统平台都提供了相应的软件包。通过软件包来安装 Kubernetes 是一种最为简单的安装方式。对于初学者来说,通过这种方式可以快速搭建起 Kubernetes 的运行环境。本节将以 CentOS 为例,介绍如何通过软件包来安装 Kubernetes。

5.1.1 软件包管理工具

大多数现代的 Linux 发行版都提供了一种中心化的机制用来搜索和安装软件。软件通常都是存放在中心存储库中,并通过软件包的形式进行分发。处理软件包的工作被称为软件包管理。软件包提供了操作系统的基本组件,以及共享的库、应用程序、服务和文档。

目前,在 Linux 系统下常见的软件包格式主要有 RPM 包、TAR 包、bz2 包、gz 包以及 deb 包等。其中 RPM 包是最为常见的 Linux 软件包形式,由美国 RedHat 公司开发,最初在其发布的 RedHat Linux 发行版中使用。目前 RPM 已经是 Linux 的软件包管理标准。TAR 包是 Linux

的一种文件归档形式，非常多的文件都以 TAR 包的形式压缩打包。bz2 和 gz 都是比较常见的压缩包格式。deb 则是 Debian 制订的软件包管理形式。

在 CentOS 中，用户可以通过 rpm 命令或者 yum 命令来安装软件包，而 yum 则是最为常用的软件包管理工具。yum 命令的基本语法如下：

```
yum [options] command
```

yum 命令的选项比较多，其中最为常用的主要有两个。其中一个是-skip-broken，该选项的功能是在安装指定软件包的时候，忽略依赖检查。尽管在某些特殊情况下使用该选项可以将软件包安装上去，但是往往会导致软件包不能正常工作。因此，用户应该尽量避免使用该选项。另外一个选项为-y。由于在默认情况下，yum 采用交互式安装软件包，因此，在安装过程中会不断询问用户一些问题，要求用户回答 yes 或者 no。如果遇到问题比较多的情况，会令人觉得非常烦琐。此时，用户可以使用-y 选项，这意味着对于所有需要回答 yes 或者 no 的问题，一律自动选择 yes。

常用的命令有 erase、install 以及 search 等。其中，erase 命令用来将软件包从当前系统中删除，install 命令用来安装指定的软件包，search 命令用来搜索指定的软件包。这 3 个命令的语法相同，使用时后面加上软件包名称即可。

5.1.2 节点规划

在本例中，部署了 3 台主机，其中 1 台为 Master 节点，另外 2 台为 Node 节点，其网络拓扑如图 5-1 所示。

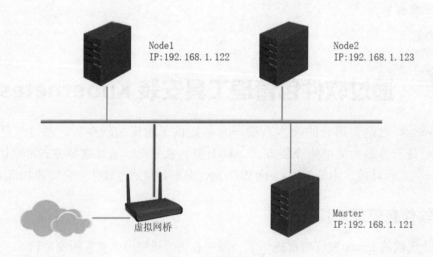

图 5-1 网络拓扑图

其中 Master 节点上面安装 kubernetes-master 和 etcd 软件包，Node 节点上面安装 kubernetes-node、etcd、flannel 以及 docker 等软件包。kubernetes-master 软件包包括了 kube-apiserver、kube-controller-manager 和 kube-scheduler 等组件及其管理工具。kubernetes-node 包括 kubelet 及其管理工具。2 个 Node 节点上面都安装 etcd 软件包，这样 3 个节点组成一个

etcd 集群。flannel 为网络组件，docker 为运行容器。

5.1.3　安装前准备

在安装软件包之前，首先对所有节点的软件环境进行相应的配置和更新。

1. 禁用 SELinux

SELinux 是 2.6 版本的 Linux 内核中提供的强制访问控制系统，在这种访问控制体系的限制下，进程只能访问某些指定的文件。尽管 SELinux 在很大程度上可以加强 Linux 的安全性，但是它会影响 Kubernetes 某些组件的功能，所以需要将其禁用，命令如下：

```
[root@localhost ~]# setenforce 0
```

以上命令仅仅暂时禁用了 SELinux，在系统重启之后，SELinux 又会发挥作用。为了彻底禁用 SELinux，用户需要修改其配置文件/etc/selinux/config。将其中的

```
SELINUX=enforcing
```

修改为

```
SELINUX=disabled
```

2. 禁用 firewalld

firewalld 是 CentOS 7 开始采用的防火墙系统，代替之前的 iptables。用户可以通过 firewalld 来加强系统的安全，关闭或者开放某些端口。firewalld 会影响 Docker 的网络功能，所以在安装部署前需要将其禁用，命令如下：

```
[root@localhost ~]# systemctl stop firewalld
[root@localhost ~]# systemctl disable firewalld
```

3. 更新软件包

在安装部署 Kubernetes 之前，用户应该更新当前系统的软件包，保持所有的软件包都是最新版本，命令如下：

```
[root@localhost ~]# yum -y update
```

4. 同步系统时间

用户需要先将三台服务器的时间通过 NTP 进行同步，否则，在后面的运行中可能会提示错误，命令如下：

```
[root@localhost ~]# ntpdate -u cn.pool.ntp.org
```

其中 cn.pool.ntp.org 为中国的网络时间协议（NTP）服务器。

5.1.4　etcd 集群配置

前面已经介绍过，etcd 是一个高可用的分布式键值数据库。Kubernetes 利用 etcd 来存储某

些数据。为了提高可用性,在本例中我们在 3 台服务器上面都部署 etcd,形成一个拥有 3 个节点的集群。

在 Master 节点上面执行以下命令:

```
[root@localhost ~]# yum -y install kubernetes-master etcd
```

然后修改 etcd 配置文件/etc/etcd/etcd.conf,内容如下:

```
#[Member]
#ETCD_CORS=""
ETCD_DATA_DIR="/var/lib/etcd/default.etcd"
#ETCD_WAL_DIR=""
ETCD_LISTEN_PEER_URLS="http://192.168.1.121:2380"
ETCD_LISTEN_CLIENT_URLS="http://192.168.1.121:2379,http://127.0.0.1:2379"
#ETCD_MAX_SNAPSHOTS="5"
#ETCD_MAX_WALS="5"
ETCD_NAME="etcd1"
#ETCD_SNAPSHOT_COUNT="100000"
#ETCD_HEARTBEAT_INTERVAL="100"
#ETCD_ELECTION_TIMEOUT="1000"
#ETCD_QUOTA_BACKEND_BYTES="0"
#ETCD_MAX_REQUEST_BYTES="1572864"
#ETCD_GRPC_KEEPALIVE_MIN_TIME="5s"
#ETCD_GRPC_KEEPALIVE_INTERVAL="2h0m0s"
#ETCD_GRPC_KEEPALIVE_TIMEOUT="20s"
#
#[Clustering]
ETCD_INITIAL_ADVERTISE_PEER_URLS="http://192.168.1.121:2380"
ETCD_ADVERTISE_CLIENT_URLS="http://192.168.1.121:2379"
#ETCD_DISCOVERY=""
#ETCD_DISCOVERY_FALLBACK="proxy"
#ETCD_DISCOVERY_PROXY=""
#ETCD_DISCOVERY_SRV=""
ETCD_INITIAL_CLUSTER="etcd1=http://192.168.1.121:2380,http://192.168.1.122:2380,http://192.168.1.123:2380"
#ETCD_INITIAL_CLUSTER_TOKEN="etcd-cluster"
#ETCD_INITIAL_CLUSTER_STATE="new"
#ETCD_STRICT_RECONFIG_CHECK="true"
#ETCD_ENABLE_V2="true"
```

在上面的配置文件中,主要需要修改的选项如下:

1. ETCD_LISTEN_PEER_URLS

该选项用来指定 etcd 节点监听的 URL,用于与其他分布式 etcd 节点通信,实现各个 etcd 节点的数据通信、交互、选举以及数据同步等功能。该 URL 采用协议、IP 和端口相组合的形

式，可以是

```
http://ip:port
```

或者

```
https://ip:port
```

在本例中，节点的 IP 地址为 192.168.1.121，默认的端口为 2380。用户可以通过该选项同时指定多个 URL，各 URL 之间用逗号隔开。

2. ETCD_LISTEN_CLIENT_URLS

该选项用于指定对外提供服务的地址，即 etcd API 的地址，etcd 客户端通过该 URL 访问 etcd 服务器。该选项同样采用协议、IP 地址和端口组合的形式，其默认端口为 2379。

3. ETCD_NAME

该选项用来指定 etcd 节点的名称，该名称用于在集群中标识本 etcd 节点。

4. ETCD_INITIAL_ADVERTISE_PEER_URLS

该选项指定节点同伴监听地址，这个值会告诉 etcd 集群中其他 etcd 节点。该地址用来在 etcd 集群中传递数据。

5. ETCD_ADVERTISE_CLIENT_URLS

该选项用来指定当前 etcd 节点对外公告的客户端监听地址，这个值会告诉集群中其他节点。

6. ETCD_INITIAL_CLUSTER

该选项列出当前 etcd 集群中所有的 etcd 节点的节点通信地址。

在 Node1 节点上面执行以下命令，安装 Kubernetes 节点组件、etcd、flannel 以及 docker：

```
[root@localhost ~]# yum -y install kubernetes-node etcd flannel docker
```

安装完成之后，编辑/etc/etcd/etcd.conf 配置文件，修改内容如下：

```
#[Member]
#ETCD_CORS=""
ETCD_DATA_DIR="/var/lib/etcd/default.etcd"
#ETCD_WAL_DIR=""
ETCD_LISTEN_PEER_URLS="http://192.168.1.122:2380"
ETCD_LISTEN_CLIENT_URLS="http://192.178.1.122:2379,http://127.0.0.1:2379"
#ETCD_MAX_SNAPSHOTS="5"
#ETCD_MAX_WALS="5"
ETCD_NAME="etcd2"
#ETCD_SNAPSHOT_COUNT="100000"
#ETCD_HEARTBEAT_INTERVAL="100"
#ETCD_ELECTION_TIMEOUT="1000"
```

```
#ETCD_QUOTA_BACKEND_BYTES="0"
#ETCD_MAX_REQUEST_BYTES="1572864"
#ETCD_GRPC_KEEPALIVE_MIN_TIME="5s"
#ETCD_GRPC_KEEPALIVE_INTERVAL="2h0m0s"
#ETCD_GRPC_KEEPALIVE_TIMEOUT="20s"
#
#[Clustering]
ETCD_INITIAL_ADVERTISE_PEER_URLS="http://192.168.1.122:2380"
ETCD_ADVERTISE_CLIENT_URLS="http://192.168.1.122:2379"
#ETCD_DISCOVERY=""
#ETCD_DISCOVERY_FALLBACK="proxy"
#ETCD_DISCOVERY_PROXY=""
#ETCD_DISCOVERY_SRV=""
ETCD_INITIAL_CLUSTER="etcd1=http://192.168.1.121:2380,etcd2=http://192.168.1.122:2380,etcd3=http://192.168.1.123:2380"
#ETCD_INITIAL_CLUSTER_TOKEN="etcd-cluster"
#ETCD_INITIAL_CLUSTER_STATE="new"
#ETCD_STRICT_RECONFIG_CHECK="true"
#ETCD_ENABLE_V2="true"
#
#[Proxy]
#ETCD_PROXY="off"
#ETCD_PROXY_FAILURE_WAIT="5000"
#ETCD_PROXY_REFRESH_INTERVAL="30000"
#ETCD_PROXY_DIAL_TIMEOUT="1000"
#ETCD_PROXY_WRITE_TIMEOUT="5000"
#ETCD_PROXY_READ_TIMEOUT="0"
#
#[Security]
#ETCD_CERT_FILE=""
#ETCD_KEY_FILE=""
#ETCD_CLIENT_CERT_AUTH="false"
#ETCD_TRUSTED_CA_FILE=""
#ETCD_AUTO_TLS="false"
#ETCD_PEER_CERT_FILE=""
#ETCD_PEER_KEY_FILE=""
#ETCD_PEER_CLIENT_CERT_AUTH="false"
#ETCD_PEER_TRUSTED_CA_FILE=""
#ETCD_PEER_AUTO_TLS="false"
#
#[Logging]
#ETCD_DEBUG="false"
#ETCD_LOG_PACKAGE_LEVELS=""
```

```
#ETCD_LOG_OUTPUT="default"
#
#[Unsafe]
#ETCD_FORCE_NEW_CLUSTER="false"
#
#[Version]
#ETCD_VERSION="false"
#ETCD_AUTO_COMPACTION_RETENTION="0"
#
#[Profiling]
#ETCD_ENABLE_PPROF="false"
#ETCD_METRICS="basic"
#
#[Auth]
#ETCD_AUTH_TOKEN="simple"
```

在 Node2 节点上面执行同样的命令，安装相同的组件，只不过/etc/etcd/etcd.conf 文件中的内容与 Node1 节点稍有不同，需要修改的部分如下所示：

```
#[Member]
#ETCD_CORS=""
ETCD_DATA_DIR="/var/lib/etcd/default.etcd"
#ETCD_WAL_DIR=""
ETCD_LISTEN_PEER_URLS="http://192.168.1.123:2380"
ETCD_LISTEN_CLIENT_URLS="http://192.168.1.123:2379,http://127.0.0.1:2379"
#ETCD_MAX_SNAPSHOTS="5"
#ETCD_MAX_WALS="5"
ETCD_NAME="etcd3"
#ETCD_SNAPSHOT_COUNT="100000"
#ETCD_HEARTBEAT_INTERVAL="100"
#ETCD_ELECTION_TIMEOUT="1000"
#ETCD_QUOTA_BACKEND_BYTES="0"
#ETCD_MAX_REQUEST_BYTES="1572864"
#ETCD_GRPC_KEEPALIVE_MIN_TIME="5s"
#ETCD_GRPC_KEEPALIVE_INTERVAL="2h0m0s"
#ETCD_GRPC_KEEPALIVE_TIMEOUT="20s"
#
#[Clustering]
ETCD_INITIAL_ADVERTISE_PEER_URLS="http://192.168.1.123:2380"
ETCD_ADVERTISE_CLIENT_URLS="http://192.168.1.123:2379"
#ETCD_DISCOVERY=""
#ETCD_DISCOVERY_FALLBACK="proxy"
#ETCD_DISCOVERY_PROXY=""
#ETCD_DISCOVERY_SRV=""
```

```
#ETCD_INITIAL_CLUSTER="etcd1=http://192.168.1.121:2380,etcd2=http://192.168
.1.122:2380,etcd3=http://192.168.1.123:2380"
#ETCD_INITIAL_CLUSTER_TOKEN="etcd-cluster"
#ETCD_INITIAL_CLUSTER_STATE="new"
#ETCD_STRICT_RECONFIG_CHECK="true"
#ETCD_ENABLE_V2="true"
…
```

配置完成之后，在 3 个节点上面分别执行以下命令，以启用和启动 etcd 服务：

```
[root@localhost etcd]# systemctl enable etcd
Created symlink from /etc/systemd/system/multi-user.target.wants/etcd.service
to /usr/lib/systemd/system/etcd.service.
[root@localhost etcd]# systemctl start etcd
```

启动完成之后，通过以下命令查看 etcd 服务状态：

```
[root@localhost etcd]# systemctl status etcd
   etcd.service - Etcd Server
   Loaded: loaded (/usr/lib/systemd/system/etcd.service; enabled; vendor
preset: disabled)
   Active: active (running) since Fri 2019-03-08 08:15:52 CST; 11min ago
  Main PID: 28464 (etcd)
   CGroup: /system.slice/etcd.service
           └─28464 /usr/bin/etcd --name=etcd2
--data-dir=/var/lib/etcd/default.etcd
--listen-client-urls=http://192.168.1.122:2379,http://127.0.0.1:2379
```

如果上面的输出中的圆点是绿色的，并且 Active 的值为 active (running)，就表示服务启动成功。

etcd 提供的 etcdctl 命令可以查看 etcd 集群的健康状态，如下所示：

```
[root@localhost ~]# etcdctl cluster-health
  member 1d661a1c0834462e is healthy: got healthy result from
http://192.168.1.123:2379
  member cb2f5e732502a48c is healthy: got healthy result from
http://192.168.1.122:2379
  member e4e48d7f05a9da0c is healthy: got healthy result from
http://192.168.1.121:2379
```

从上面的输出结果可知，集群中的 3 个 etcd 节点都是处于健康状态。

5.1.5　Master 节点的配置

接下来介绍如何配置 Kubernetes 的 Master 节点。前面已经介绍过，在 Master 节点上面主要运行着 apiserver、controller-manager 以及 scheduler 等主要的服务进程。以上服务的配置文

件都位于 /etc/kubernetes 目录中。其中，通常需要配置的是 api-server，其配置文件为 /etc/kubernetes/apiserver。修改该文件内容，如下所示：

```
###
# kubernetes system config
#
# The following values are used to configure the kube-apiserver
#

# The address on the local server to listen to.
#KUBE_API_ADDRESS="--insecure-bind-address=127.0.0.1"
KUBE_API_ADDRESS="--address=0.0.0.0"
# The port on the local server to listen on.
KUBE_API_PORT="--port=8080"

# Port minions listen on
KUBELET_PORT="--kubelet-port=10250"

# Comma separated list of nodes in the etcd cluster
KUBE_ETCD_SERVERS="--etcd-servers=http://192.168.1.121:2379,http://192.168.1.122:2379,http://192.168.1.123:2379"

# Address range to use for services
KUBE_SERVICE_ADDRESSES="--service-cluster-ip-range=10.254.0.0/16"

# default admission control policies
KUBE_ADMISSION_CONTROL="--admission-control=NamespaceLifecycle,NamespaceExists,LimitRanger,ResourceQuota"

# Add your own!
KUBE_API_ARGS=""
```

KUBE_API_ADDRESS 选项表示 api-server 进程绑定的 IP 地址，在本例中将其修改为 --address=0.0.0.0，表示绑定本机所有的 IP 地址。KUBE_API_PORT 选项用来指定 api-server 监听的端口。KUBELET_PORT 表示 kubelet 监听的服务端口。KUBE_ETCD_SERVERS 选项指定 etcd 集群中的每个节点的地址。KUBE_SERVICE_ADDRESSES 选项指定 Kubernetes 中服务的 IP 地址范围。在默认情况下，KUBE_ADMISSION_CONTRO 选项会包含 SecurityContextDeny 和 ServiceAccount，这 2 个值与权限有关，在测试的时候，可以将其去掉。

配置完成之后，使用以下命令启动 Master 节点上面的各项服务：

```
[root@localhost ~]# systemctl start kube-apiserver
[root@localhost ~]# systemctl start kube-controller-manager
[root@localhost ~]# systemctl start kube-scheduler
```

然后通过 systemctl 命令来确定各项服务是否启动成功,例如,下面的命令查看 api-server 的状态:

```
[root@localhost ~]# systemctl status kube-apiserver
  kube-apiserver.service - Kubernetes API Server
   Loaded: loaded (/usr/lib/systemd/system/kube-apiserver.service; disabled; vendor preset: disabled)
   Active: active (running) since Sat 2019-03-09 04:56:38 CST; 145ms ago
     Docs: https://github.com/GoogleCloudPlatform/kubernetes
 Main PID: 19080 (kube-apiserver)
   CGroup: /system.slice/kube-apiserver.service
           └─19080 /usr/bin/kube-apiserver --logtostderr=true --v=0 --etcd-servers=http://192.168.1.121:2379,http://192.168.1.122:2379,http://192.168.1.123:2379 --address=0.0.0.0 --port=8080 --kubelet-port=...

Mar 09 04:56:38 localhost.localdomain kube-apiserver[19080]: I0309 04:56:38.339774   19080 config.go:562] Will report 192.168.1.121 as public IP address.
Mar 09 04:56:38 localhost.localdomain kube-apiserver[19080]: W0309 04:56:38.340594   19080 handlers.go:50] Authentication is disabled
Mar 09 04:56:38 localhost.localdomain kube-apiserver[19080]: E0309 04:56:38.341144   19080 reflector.go:199] k8s.io/kubernetes/plugin/pkg/admission/resourcequota/resource_access.go:83: Failed to...tion refused
Mar 09 04:56:38 localhost.localdomain kube-apiserver[19080]: E0309 04:56:38.385934   19080 reflector.go:199] pkg/controller/informers/factory.go:89: Failed to list *api.Namespace: Get http://0.0...tion refused
Mar 09 04:56:38 localhost.localdomain kube-apiserver[19080]: E0309 04:56:38.390288   19080 reflector.go:199] pkg/controller/informers/factory.go:89: Failed to list *api.LimitRange: Get http://0....tion refused
Mar 09 04:56:38 localhost.localdomain kube-apiserver[19080]: [restful] 2019/03/09 04:56:38 log.go:30: [restful/swagger] listing is available at https://192.168.1.121:6443/swaggerapi/
Mar 09 04:56:38 localhost.localdomain kube-apiserver[19080]: [restful] 2019/03/09 04:56:38 log.go:30: [restful/swagger] https://192.168.1.121:6443/swaggerui/ is mapped to folder /swagger-ui/
Mar 09 04:56:38 localhost.localdomain kube-apiserver[19080]: I0309 04:56:38.445352   19080 serve.go:95] Serving securely on 0.0.0.0:6443
Mar 09 04:56:38 localhost.localdomain systemd[1]: Started Kubernetes API Server.
Mar 09 04:56:38 localhost.localdomain kube-apiserver[19080]: I0309 04:56:38.445442   19080 serve.go:109] Serving insecurely on 0.0.0.0:8080
Hint: Some lines were ellipsized, use -l to show in full.
```

从上面的输出结果可知,api-server 服务进程已经处于运行状态。

为了使得各项服务在 Linux 系统启动时自动启动，用户可以使用以下命令来启用各项服务：

```
[root@localhost ~]# systemctl enable kube-apiserver
[root@localhost ~]# systemctl enable kube-controller-manager
[root@localhost ~]# systemctl enable kube-scheduler
```

Kubernetes 的 api-server 提供的各个接口都是 RESTful 的，用户可以通过浏览器访问 Master 节点的 8080 端口，api-server 会以 JSON 对象的形式返回各个 API 的地址，如图 5-2 所示。

图 5-2　Kubernetes api-server 提供的 API 接口

5.1.6　Node 节点的配置

Node 节点上面主要运行 kube-proxy 和 kubelet 等进程。用户需要修改的配置文件主要有 /etc/kubernetes/config、/etc/kubernetes/proxy 以及 /etc/kubernetes/kubelet，这 3 个文件分别为 Kubernetes 全局配置文件、kube-proxy 配置文件以及 kubelet 配置文件。在所有的 Node 节点中，这些配置文件大同小异，主要区别在于各个节点的 IP 地址会有所不同。下面以 Node1 节点为例，说明其配置方法。

首先修改 /etc/kubernetes/config，主要修改 KUBE_MASTER 选项，指定 apiserver 的地址，如下所示：

```
###
# kubernetes system config
```

```
#
# The following values are used to configure various aspects of all
# kubernetes services, including
#
#   kube-apiserver.service
#   kube-controller-manager.service
#   kube-scheduler.service
#   kubelet.service
#   kube-proxy.service
# logging to stderr means we get it in the systemd journal
KUBE_LOGTOSTDERR="--logtostderr=true"

# journal message level, 0 is debug
KUBE_LOG_LEVEL="--v=0"

# Should this cluster be allowed to run privileged docker containers
KUBE_ALLOW_PRIV="--allow-privileged=false"

# How the controller-manager, scheduler, and proxy find the apiserver
KUBE_MASTER="--master=http://192.168.1.121:8080"
...
```

然后修改 kubelet 的配置文件，内容如下：

```
###
# kubernetes kubelet (minion) config

# The address for the info server to serve on (set to 0.0.0.0 or "" for all interfaces)
KUBELET_ADDRESS="--address=127.0.0.1"

# The port for the info server to serve on
KUBELET_PORT="--port=10250"

# You may leave this blank to use the actual hostname
KUBELET_HOSTNAME="--hostname-override=192.168.1.122"

# location of the api-server
KUBELET_API_SERVER="--api-servers=http://192.168.1.121:8080"
```

```
# pod infrastructure container
KUBELET_POD_INFRA_CONTAINER="--pod-infra-container-image=registry.access.re
dhat.com/rhel7/pod-infrastructure:latest"


# Add your own!
KUBELET_ARGS=""
```

其中，KUBELET_ADDRESS 指定 kubelet 绑定的 IP 地址，如果想绑定本机所有的网络接口，可以将其指定为 0.0.0.0。KUBELET_PORT 指定 kubelet 监听的端口，KUBELET_HOSTNAME 指定本节点的主机名，该选项的值可以是主机名，也可以是本机的 IP 地址。在本例中，Node1 节点的 IP 地址为 192.168.1.122。KUBELET_API_SERVER 选项指定 apiserver 的地址。

如果 KUBELET_HOSTNAME 选项的值为主机名，就需要在 hosts 文件中配置主机名和 IP 地址的对应关系。

最后，修改/etc/kubernetes/proxy 文件，将其内容修改如下：

```
###
# kubernetes proxy config

# default config should be adequate

# Add your own!
KUBE_PROXY_ARGS="--bind-address=0.0.0.0"
```

配置完成之后，执行以下命令启用配置：

```
[root@localhost ~]# systemctl enable kube-proxy
Created symlink from
/etc/systemd/system/multi-user.target.wants/kube-proxy.service to
/usr/lib/systemd/system/kube-proxy.service.
[root@localhost ~]# systemctl enable kubelet
Created symlink from
/etc/systemd/system/multi-user.target.wants/kubelet.service to
/usr/lib/systemd/system/kubelet.service.
```

然后使用以下命令启动 kube-proxy 和 kubelet 服务：

```
[root@localhost ~]# systemctl start kube-proxy
[root@localhost ~]# systemctl start kubelet
```

按照上面的方法在 Node2 节点上面进行配置。在配置的过程中，注意要把相应的 IP 地址修改为 Node2 的 IP 地址 192.168.1.123。配置完成之后，分别启动 kube-proxy 和 kubelet 服务。

最后再测试一下集群是否正常。在 Master 节点上面执行以下命令：

```
[root@localhost kubernetes]# kubectl get nodes
NAME              STATUS        AGE
192.168.1.122     Ready         19m
192.168.1.123     Ready         17s
```

如果上面的命令输出各个 Node 节点，并且其状态为 Ready，即表示当前集群已经正常工作了。

5.1.7 配置网络

Flannel 是 Kubernetes 中常用的网络配置工具，用于配置第三层（网络层）网络结构。Flannel 需要在集群中的每台主机上运行一个名为 flanneld 的代理程序，负责从预配置地址空间中为每台主机分配一个网段。Flannel 直接使用 Kubernetes API 或 etcd 存储网络配置、分配的子网及任何辅助数据。

在配置 Flannel 之前，用户需要预先设置分配给 Docker 网络的网段。在 Master 节点上面执行以下命令，在 etcd 中添加一个名称为/atomic.io/network/config 的主键，通过该主键设置提供给 Docker 容器使用的网段以及子网。

```
[root@localhost ~]# etcdctl mk /atomic.io/network/config
'{"Network":"172.17.0.0/16", "SubnetMin": "172.17.1.0", "SubnetMax":
"172.17.254.0"}'
```

然后在 Node1 和 Node2 这 2 个 Node 节点上面修改/etc/sysconfig/flanneld 配置文件，使其内容如下：

```
# Flanneld configuration options

# etcd url location.  Point this to the server where etcd runs
FLANNEL_ETCD_ENDPOINTS="http://192.168.1.121:2379,http://192.168.1.122:2379,http://192.168.1.123:2379"

# etcd config key.  This is the configuration key that flannel queries
# For address range assignment
FLANNEL_ETCD_PREFIX="/atomic.io/network"

# Any additional options that you want to pass
FLANNEL_OPTIONS="--iface=ens33"
```

其中，FLANNEL_ETCD_ENDPOINTS 用来指定 etcd 集群的各个节点的地址。FLANNEL_ETCD_PREFIX 指定 etcd 中网络配置的主键，该主键要与前面设置的主键值完全一致。FLANNEL_OPTIONS 中的--iface 选项用来指定 Flannel 网络使用的网络接口。

设置完成之后，分别在 Node1 和 Node2 节点上面通过以下 2 条命令启用和启动 flanneld：

```
[root@localhost ~]# systemctl enable flanneld
[root@localhost ~]# systemctl start flanneld
```

启动成功之后，通过 ip 命令查看系统中的网络接口，会发现多出一个名称为 flannel0 的网络接口，如下所示：

```
[root@localhost ~]# ip address show | grep flannel
 4: flannel0: <POINTOPOINT,MULTICAST,NOARP,UP,LOWER_UP> mtu 1472 qdisc pfifo_fast state UNKNOWN group default qlen 500
    inet 172.17.99.0/16 scope global flannel0
```

从上面的输出结果可知，虚拟接口 flannel0 的 IP 地址是前面指定的 172.17.0.0/16。

此外，flannel 还生成了 2 个配置文件，分别是/run/flannel/subnet.env 和/run/flannel/docker。其中 subnet.env 的内容如下所示：

```
[root@localhost ~]# cat /run/flannel/subnet.env
FLANNEL_NETWORK=172.17.0.0/16
FLANNEL_SUBNET=172.17.93.1/24
FLANNEL_MTU=1472
FLANNEL_IPMASQ=false
```

docker 的内容如下所示：

```
[root@localhost ~]# cat /run/flannel/docker
DOCKER_OPT_BIP="--bip=172.17.93.1/24"
DOCKER_OPT_IPMASQ="--ip-masq=true"
DOCKER_OPT_MTU="--mtu=1472"
DOCKER_NETWORK_OPTIONS=" --bip=172.17.93.1/24 --ip-masq=true --mtu=1472"
```

关于 flannel 的基本原理和详细使用方法，将在后面的章节中介绍。

5.2 通过二进制文件安装 Kubernetes

在前面一节中，介绍了通过软件包管理工具安装 Kubernetes。实际上，Kubernetes 还为多种软硬件平台提供了编译好的二进制文件。用户可以直接从官方网站上面下载这些二进制文件，然后稍加配置即可使用。本节将详细介绍通过二进制文件安装 Kubernetes 的方法。

5.2.1 安装前准备

在本例中，我们同样部署 3 个节点，其中一个为 Master 节点，另外两个为 Node 节点。其网络拓扑结构与图 5-1 所示的完全相同。

1. 下载安装包

Kubernetes 二进制文件的下载地址为：

`https://github.com/kubernetes/kubernetes/releases`

其中，最新的正式版为 v1.13.4，如图 5-3 所示。

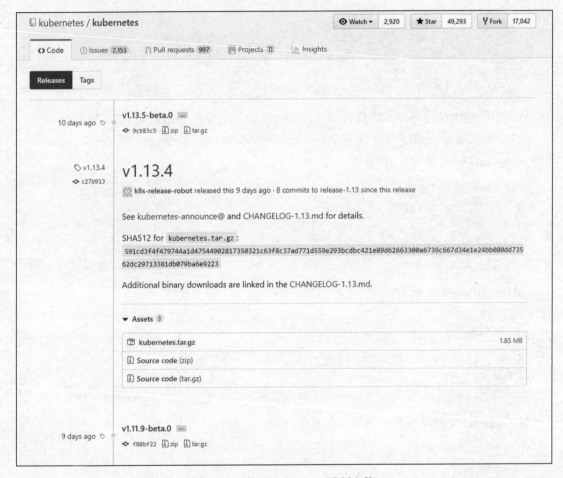

图 5-3　下载 Kubernetes 二进制文件

如果用户想要下载其他软硬件平台的二进制文件，可以单击其中的 CHANGELOG-1.13.md 链接，跳转到另外一个下载页面，如图 5-4 所示。从图中可知，Kubernetes 为每个版本都提供了多个平台的二进制软件包。

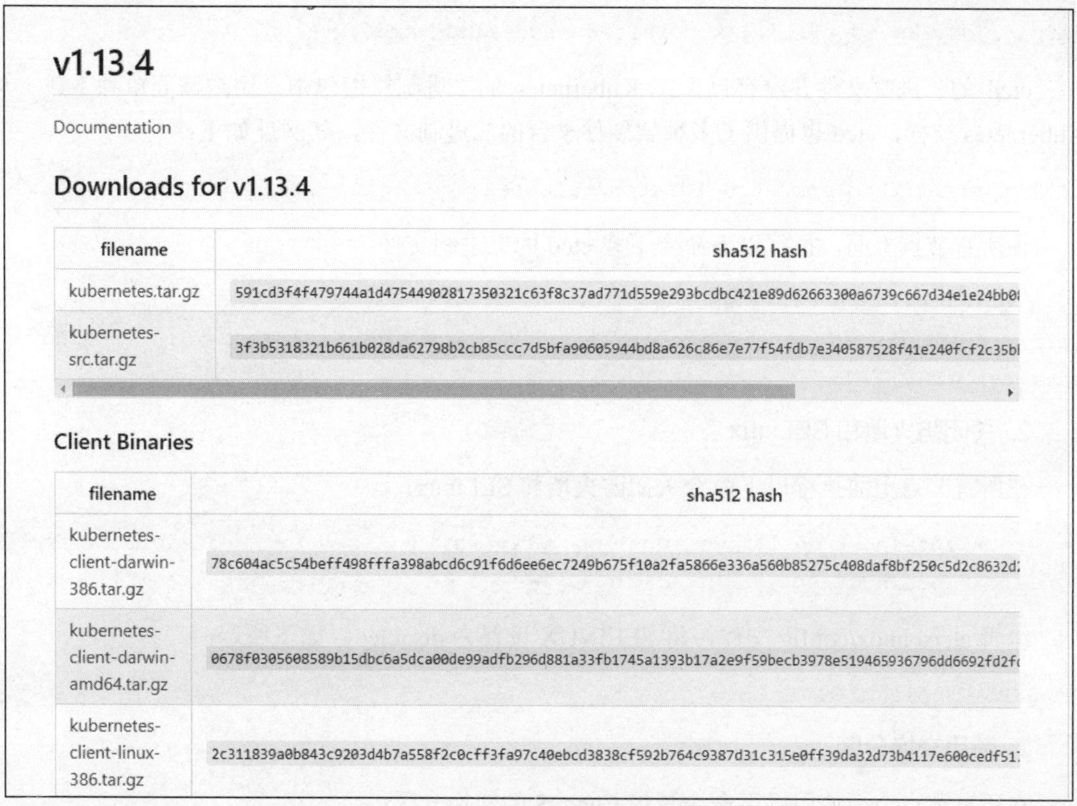

v1.13.4

Documentation

Downloads for v1.13.4

filename	sha512 hash
kubernetes.tar.gz	591cd3f4f479744a1d475449028173503210c63f8c37ad771d559e293bcdbc421e89d62663300a6739c667d34e1e24bb0...
kubernetes-src.tar.gz	3f3b5318321b661b028da62798b2cb85ccc7d5bfa90605944bd8a626c86e7e77f54fdb7e340587528f41e240fcf2c35b...

Client Binaries

filename	sha512 hash
kubernetes-client-darwin-386.tar.gz	78c604ac5c54beff498fffa398abcd6c91f6d6ee6ec7249b675f10a2fa5866e336a560b85275c408daf8bf250c5d2c8632d...
kubernetes-client-darwin-amd64.tar.gz	0678f0305608589b15dbc6a5dca00de99adfb296d881a33fb1745a1393b17a2e9f59becb3978e519465936796dd6692fd2f...
kubernetes-client-linux-386.tar.gz	2c311839a0b843c9203d4b7a558f2c0cff3fa97c40ebcd3838cf592b764c9387d31c315e0ff39da32d73b4117e600cedf51...

图 5-4　v1.13.4 下载页面

从网页上面可知，Kubernetes 将二进制包分为 Client Binaries、Server Binaries 以及 Node Binaries，分别对应着客户端二进制包、Master 节点二进制包以及 Node 节点二进制包。每个文件又分别对应到 Darwin、Linux 以及 Windows 等操作系统平台。除此之外，还有 386、amd64、ppc64 以及 s390 等硬件平台。

在本例中，我们将在 64 位的 CentOS 上面安装，所以需要下载 kubernetes-server-linux-amd64.tar.gz、kubernetes-node-linux-amd64.tar.gz 以及 kubernetes-client-linux-amd64.tar.gz。实际上 kubernetes-client-linux-amd64.tar.gz 只包含一个文件 kubectl，而这个文件已经包含在其他的两个压缩文件中，所以在安装的时候，可以不单独下载该文件。

在通常情况下，用户应该将第三方的软件包保存在 /opt 目录中。所以，首先执行以下命令，切换到该目录中：

```
[root@localhost ~]# cd /opt/
```

然后执行以下两条命令，分别下载 Master 节点和 Node 节点的二进制文件。对于 Master 节点，用户只需要下载 kubernetes-server-linux-amd64.tar.gz 即可，对于 Node 节点，用户只需要下载 kubernetes-node-linux-amd64.tar.gz 文件。

```
[root@localhost opt]# wget
https://dl.k8s.io/v1.13.4/kubernetes-server-linux-amd64.tar.gz
[root@localhost opt]# wget
```

```
https://dl.k8s.io/v1.13.4/kubernetes-node-linux-amd64.tar.gz
```

etcd 的二进制文件并没有包含在 Kubernetes 的二进制压缩包中，用户需要单独下载。与 Kubernetes 一样，etcd 也提供了多种软硬件平台的二进制文件，其网址如下：

```
https://github.com/etcd-io/etcd/releases
```

在所有节点上面，执行以下命令下载 etcd 的二进制文件：

```
[root@localhost opt]# wget
https://github.com/etcd-io/etcd/releases/download/v3.3.12/etcd-v3.3.12-linux-amd64.tar.gz
```

2. 关闭防火墙和 SELinux

在所有节点上面执行以下命令关闭防火墙和 SELinux：

```
[root@localhost opt]# systemctl stop firewalld && systemctl disable firewalld
[root@localhost opt]# setenforce 0
```

编辑/etc/selinux/config 文件，将 SELINUX 设置为 disabled，如下所示：

```
SELINUX=disabled
```

3. 禁用交换分区

在所有节点上面使用以下命令禁用 CentOS 的交换分区：

```
[root@localhost opt]# swapoff -a && sysctl -w vm.swappiness=0
vm.swappiness = 0
```

然后修改/etc/fstab 文件，将交换分区对应的文件系统注释掉，如下所示：

```
#/dev/mapper/centos-swap swap                    swap    defaults        0 0
```

4. 设置 Docker 所需要的网络参数

由于在本例中，Docker 只安装在 Node 节点上面，因此在所有 Node 节点上面修改 /etc/sysctl.d/k8s.conf，增加以下行：

```
net.ipv4.ip_forward = 1
```

然后使用以下命令使得以上设置生效：

```
[root@localhost ~]# sysctl -p /etc/sysctl.d/k8s.conf
```

5. 配置 Docker 的 yum 安装源

在默认情况下，CentOS 没有配置 Docker 的 yum 安装源，用户可以使用以下命令自己添加：

```
[root@localhost ~]# yum-config-manager --add-repo
https://download.docker.com/linux/centos/docker-ce.repo
```

在上面的命令中,yum-config-manager 用来管理和配置 CentOS 的软件仓库。如果当前系统中没有该命令,用户可以使用以下命令安装:

```
[root@localhost ~]# yum install yum-utils
```

6. 安装 Docker

设置好软件源之后,用户就可以直接使用 yum 命令来安装 Docker CE 了,命令如下:

```
[root@localhost ~]# yum -y install docker-ce
```

安装完成之后,使用以下两条命令启用并启动 Docker 服务:

```
[root@localhost ~]# systemctl enable docker
[root@localhost ~]# systemctl start docker
```

7. 创建安装目录

在本例中,我们计划将 Kubernetes 安装在/k8s 目录中,所以使用以下命令分别创建几个相关的目录:

```
[root@localhost ~]# mkdir -p /k8s/etcd/bin k8s/etcd/cfg
[root@localhost ~]# mkdir -p /k8s/kubernetes/bin /k8s/kubernetes/cfg /k8s/kubernetes/ssl
```

5.2.2 部署 etcd

使用以下命令解压前面下载的 etcd-v3.3.12-linux-amd64.tar.gz:

```
[root@localhost opt]# tar -xvf etcd-v3.3.12-linux-amd64.tar.gz
```

然后将解压后的目录中的 etcd 和 etcdctl 这两个文件复制到/k8s/etcd/bin 目录中:

```
[root@localhost opt]# cp etcd-v3.3.12-linux-amd64/etcd etcd-v3.3.12-linux-amd64/etcdctl /k8s/etcd/bin/
```

接下来配置 etcd。由于我们要在 3 个节点上都部署 etcd,形成一个 etcd 集群,所以接下来用户需要分别在 3 个主机上创建 etcd 的配置文件。跟前面一节中介绍的一样,所有的 etcd 节点的配置文件基本相同,区别在于绑定的 IP 地址有所不同。

首先是 Master 节点,使用以下命令创建配置文件:

```
[root@localhost ~]# vi /k8s/etcd/cfg/etcd
```

其内容如下:

```
#[Member]
ETCD_NAME="etcd01"
ETCD_DATA_DIR="/var/lib/etcd/default.etcd"
ETCD_LISTEN_PEER_URLS="http://192.168.1.121:2380"
ETCD_LISTEN_CLIENT_URLS="http://192.168.1.121:2379"
```

```
#[Clustering]
ETCD_INITIAL_ADVERTISE_PEER_URLS="http://192.168.1.121:2380"
ETCD_ADVERTISE_CLIENT_URLS="http://192.168.1.121:2379"
ETCD_INITIAL_CLUSTER="etcd01=http://192.168.1.121:2380,etcd02=http://192.168.1.122:2380,etcd03=http://192.168.1.123:2380"
ETCD_INITIAL_CLUSTER_TOKEN="etcd-cluster"
ETCD_INITIAL_CLUSTER_STATE="new"
```

接下来是Node1节点，创建配置文件的命令如下：

```
[root@localhost ~]# vi /k8s/etcd/cfg/etcd
```

其内容如下：

```
#[Member]
ETCD_NAME="etcd02"
ETCD_DATA_DIR="/var/lib/etcd/default.etcd"
ETCD_LISTEN_PEER_URLS="http://192.168.1.122:2380"
ETCD_LISTEN_CLIENT_URLS="http://192.168.1.122:2379"

#[Clustering]
ETCD_INITIAL_ADVERTISE_PEER_URLS="http://192.168.1.122:2380"
ETCD_ADVERTISE_CLIENT_URLS="http://192.168.1.122:2379"
ETCD_INITIAL_CLUSTER="etcd01=http://192.168.1.121:2380,etcd02=http://192.168.1.122:2380,etcd03=http://192.168.1.123:2380"
ETCD_INITIAL_CLUSTER_TOKEN="etcd-cluster"
ETCD_INITIAL_CLUSTER_STATE="new"
```

接下来是Node2节点，创建配置文件的命令如下：

```
[root@localhost opt]# vi /k8s/etcd/cfg/etcd
```

其内容如下：

```
#[Member]
ETCD_NAME="etcd03"
ETCD_DATA_DIR="/var/lib/etcd/default.etcd"
ETCD_LISTEN_PEER_URLS="http://192.168.1.123:2380"
ETCD_LISTEN_CLIENT_URLS="http://192.168.1.123:2379"

#[Clustering]
ETCD_INITIAL_ADVERTISE_PEER_URLS="http://192.168.1.123:2380"
ETCD_ADVERTISE_CLIENT_URLS="http://192.168.1.123:2379"
ETCD_INITIAL_CLUSTER="etcd01=http://192.168.1.121:2380,etcd02=http://192.168.1.122:2380,etcd03=http://192.168.1.123:2380"
ETCD_INITIAL_CLUSTER_TOKEN="etcd-cluster"
```

```
ETCD_INITIAL_CLUSTER_STATE="new"
```

然后创建 etcd 的系统服务单元文件，由于在 3 个节点中，etcd 的安装位置完全相同，所以这 3 个节点的 etcd 的系统服务单元文件完全相同。在所有的节点上面执行以下命令创建该文件：

```
[root@localhost ~]# vi /lib/systemd/system/etcd.service
```

其内容如下：

```
[Unit]
Description=Etcd Server
After=network.target
After=network-online.target
Wants=network-online.target

[Service]
Type=notify
EnvironmentFile=/k8s/etcd/cfg/etcd
ExecStart=/k8s/etcd/bin/etcd \
--name=${ETCD_NAME} \
--data-dir=${ETCD_DATA_DIR} \
--listen-peer-urls=${ETCD_LISTEN_PEER_URLS} \
--listen-client-urls=${ETCD_LISTEN_CLIENT_URLS},http://127.0.0.1:2379 \
--advertise-client-urls=${ETCD_ADVERTISE_CLIENT_URLS} \
--initial-advertise-peer-urls=${ETCD_INITIAL_ADVERTISE_PEER_URLS} \
--initial-cluster=${ETCD_INITIAL_CLUSTER} \
--initial-cluster-token=${ETCD_INITIAL_CLUSTER_TOKEN} \
--initial-cluster-state=new
Restart=on-failure
LimitNOFILE=65536

[Install]
WantedBy=multi-user.target
```

最后，在 3 个节点上面使用以下两条命令启用并启动 etcd 服务：

```
[root@localhost ~]# systemctl enable etcd
[root@localhost ~]# systemctl start etcd
```

配置完成之后，用户可以使用以下命令来验证集群是否正常运行：

```
[root@localhost bin]# /k8s/etcd/bin/etcdctl cluster-health
  member 1d661a1c0834462e is healthy: got healthy result from http://192.168.1.123:2379
  member cb2f5e732502a48c is healthy: got healthy result from http://192.168.1.122:2379
```

```
member e4e48d7f05a9da0c is healthy: got healthy result from
http://192.168.1.121:2379
   cluster is healthy
```

从上面的输出结果可知，3 个节点都正常运行，整个集群也是正常的。

 启动 etcd 集群时需要同时启动所有的节点。

5.2.3　部署 flannel 网络

在两个 Node 节点上从以下网址下载 flannel 的二进制文件：

https://github.com/coreos/flannel/releases

下载后的文件名为 etcd-v3.3.12-linux-amd64.tar.gz。

使用以下命令解压该文件：

```
[root@localhost opt]# tar zxvf flannel-v0.11.0-linux-amd64.tar.gz
```

然后，将解压得到的 flanneld 和 mk-docker-opts.sh 这两个文件复制到/k8s/Kubernetes/bin 目录中：

```
[root@localhost opt]# cp flanneld mk-docker-opts.sh /k8s/kubernetes/bin/
```

创建 flannel 配置文件/k8s/kubernetes/cfg/flanneld，其内容如下：

```
FLANNEL_OPTIONS="--etcd-endpoints=http://192.168.1.121:2379,http://192.168.1.122:2379,http://192.168.1.123:2379"
```

在 etcd 集群中写入 Pod 的网络信息，如下所示：

```
[root@localhost bin]# /k8s/etcd/bin/etcdctl set /coreos.com/network/config '{ "Network": "172.18.0.0/16", "Backend": {"Type": "vxlan"}}'
```

创建 flannel 的系统服务单元文件/lib/systemd/system/flanneld.service，其内容如下：

```
[Unit]
Description=Flanneld overlay address etcd agent
After=network-online.target network.target
Before=docker.service

[Service]
Type=notify
EnvironmentFile=/k8s/kubernetes/cfg/flanneld
ExecStart=/k8s/kubernetes/bin/flanneld --ip-masq $FLANNEL_OPTIONS
ExecStartPost=/k8s/kubernetes/bin/mk-docker-opts.sh -k DOCKER_NETWORK_OPTIONS -d /run/flannel/subnet.env
Restart=on-failure
```

```
[Install]
WantedBy=multi-user.target
```

最后启用并启动 flannel 服务：

```
[root@localhost ~]# systemctl enable flanneld
[root@localhost ~]# systemctl start flanneld
```

5.2.4 部署 Master 节点

前面已经介绍过，Kubernetes 的 Master 节点主要运行 kube-apiserver、kube-scheduler、kube-controller-manager 等组件。下面分别介绍这些组件的配置方法。

首先，将前面下载的 kubernetes-server-linux-amd64.tar.gz 文件解压缩，然后将解压缩得到的目录 server/bin 下的 kube-apiserver、kube-controller-manager、kube-scheduler 以及 kubectl 这 4 个文件复制到/k8s/kubernetes/bin 目录下：

```
[root@localhost opt]# cd kubernetes/server/bin/
[root@localhost bin]# cp kube-apiserver kube-controller-manager kube-scheduler kubectl /k8s/kubernetes/bin/
```

1. 配置 kube-apiserver

创建 kube-apiserver 的配置文件/k8s/kubernetes/cfg/kube-apiserver，其内容如下：

```
KUBE_APISERVER_OPTS="--logtostderr=true \
--v=4 \
--etcd-servers=http://192.168.1.121:2379,http://192.168.1.122:2379,http://192.168.1.123:2379 \
--address=0.0.0.0 \
--port=8080 \
--advertise-address=192.168.1.121 \
--allow-privileged=true \
--service-cluster-ip-range=10.0.0.0/24 \
--enable-admission-plugins=NamespaceLifecycle,NamespaceExists,LimitRanger,ResourceQuota"
```

然后，创建 kube-apiserver 的系统服务单元文件/lib/systemd/system/kube-apiserver.service，内容如下：

```
[Unit]
Description=Kubernetes API Server
Documentation=https://github.com/kubernetes/kubernetes

[Service]
EnvironmentFile=-/k8s/kubernetes/cfg/kube-apiserver
ExecStart=/k8s/kubernetes/bin/kube-apiserver $KUBE_APISERVER_OPTS
```

```
Restart=on-failure

[Install]
WantedBy=multi-user.target
```

执行以下两条命令启动并启动 kube-apiserver 服务：

```
[root@localhost ~]# systemctl enable kube-apiserver
[root@localhost ~]# systemctl start kube-apiserver
```

查看服务状态：

```
[root@localhost ~]# systemctl status kube-apiserver
    kube-apiserver.service - Kubernetes API Server
    Loaded: loaded (/usr/lib/systemd/system/kube-apiserver.service; enabled; vendor preset: disabled)
    Active: active (running) since Mon 2019-03-11 02:58:28 CST; 6min ago
     Docs: https://github.com/kubernetes/kubernetes
  Main PID: 25322 (kube-apiserver)
    CGroup: /system.slice/kube-apiserver.service
           └─25322 /k8s/kubernetes/bin/kube-apiserver --logtostderr=true --v=4 --etcd-servers=http://192.168.1.121:2379,http://192.168.1.122:2379,http://192.168.1.123:2379 --address=0.0.0.0 --port=8080 --ad...
```

2. 配置 kube-scheduler

创建 kube-scheduler 配置文件/k8s/kubernetes/cfg/kube-scheduler，其内容如下：

```
KUBE_SCHEDULER_OPTS="--logtostderr=true --v=4 --master=127.0.0.1:8080 --leader-elect"
```

创建 kube-scheduler 系统服务单元文件/lib/systemd/system/kube-scheduler.service，内容如下：

```
[Unit]
Description=Kubernetes Scheduler
Documentation=https://github.com/kubernetes/kubernetes

[Service]
EnvironmentFile=-/k8s/kubernetes/cfg/kube-scheduler
ExecStart=/k8s/kubernetes/bin/kube-scheduler $KUBE_SCHEDULER_OPTS
Restart=on-failure

[Install]
WantedBy=multi-user.target
```

启动服务，并查看服务状态：

```
[root@localhost ~]# systemctl enable kube-scheduler
Created symlink from
/etc/systemd/system/multi-user.target.wants/kube-scheduler.service to
/usr/lib/systemd/system/kube-scheduler.service.
[root@localhost ~]# systemctl start kube-scheduler
[root@localhost ~]# systemctl status kube-scheduler
   kube-scheduler.service - Kubernetes Scheduler
   Loaded: loaded (/usr/lib/systemd/system/kube-scheduler.service; enabled;
vendor preset: disabled)
   Active: active (running) since Mon 2019-03-11 03:07:51 CST; 4s ago
     Docs: https://github.com/kubernetes/kubernetes
 Main PID: 25893 (kube-scheduler)
   CGroup: /system.slice/kube-scheduler.service
           └─25893 /k8s/kubernetes/bin/kube-scheduler --logtostderr=true
--v=4 --master=127.0.0.1:8080 --leader-elect
```

3. 配置 kube-controller-manager

创建配置文件/k8s/kubernetes/cfg/kube-controller-manager，内容如下：

```
KUBE_CONTROLLER_MANAGER_OPTS="--logtostderr=true \
--v=4 \
--master=127.0.0.1:8080 \
--leader-elect=true \
--address=127.0.0.1 \
--service-cluster-ip-range=10.0.0.0/24 \
--cluster-name=kubernetes"
```

创建 kube-controller-manager 系统服务单元文件/lib/systemd/system/ kube-controller-manager.service，内容如下：

```
[Unit]
Description=Kubernetes Controller Manager
Documentation=https://github.com/kubernetes/kubernetes

[Service]
EnvironmentFile=-/k8s/kubernetes/cfg/kube-controller-manager
ExecStart=/k8s/kubernetes/bin/kube-controller-manager
$KUBE_CONTROLLER_MANAGER_OPTS
Restart=on-failure

[Install]
WantedBy=multi-user.target
```

启动服务，并检查状态：

```
[root@localhost ~]# systemctl enable kube-controller-manager
```

```
  Created symlink from
/etc/systemd/system/multi-user.target.wants/kube-controller-manager.service to
/usr/lib/systemd/system/kube-controller-manager.service.
  [root@localhost ~]# systemctl restart kube-controller-manager
  [root@localhost ~]# systemctl status kube-controller-manager
    kube-controller-manager.service - Kubernetes Controller Manager
    Loaded: loaded (/usr/lib/systemd/system/kube-controller-manager.service;
enabled; vendor preset: disabled)
    Active: active (running) since Mon 2019-03-11 03:14:01 CST; 7s ago
      Docs: https://github.com/kubernetes/kubernetes
  Main PID: 26461 (kube-controller)
    CGroup: /system.slice/kube-controller-manager.service
           └─26461 /k8s/kubernetes/bin/kube-controller-manager
--logtostderr=true --v=4 --master=127.0.0.1:8080 --leader-elect=true
--address=127.0.0.1 --service-cluster-ip-range=10.0.0.0/24 --cluster-name=…
```

用户可以通过 kubectl 命令查看集群中各个组件的状态，如下所示：

```
[root@localhost ~]# /k8s/kubernetes/bin/kubectl get cs
NAME                 STATUS    MESSAGE              ERROR
scheduler            Healthy   ok
controller-manager   Healthy   ok
etcd-0               Healthy   {"health":"true"}
etcd-1               Healthy   {"health":"true"}
etcd-2               Healthy   {"health":"true"}
```

5.2.5　部署 Node 节点

Node 节点上面主要运行 kubelet 和 kube-proxy 等组件。其中 kubelet 运行在每个工作节点上，用来接收 kube-apiserver 发送的请求，管理 Pod 容器，执行交互式命令。kubelet 启动时自动向 kube-apiserver 注册节点信息。kube-proxy 监听 kube-apiserver 中服务和端点的变化情况，并创建路由规则来进行服务负载均衡。

在 2 个 Node 节点上解压缩前面下载的 kubernetes-node-linux-amd64.tar.gz 文件，然后将得到的 node/bin 目录中的文件复制到/k8s/Kubernetes/bin 目录中，如下所示：

```
[root@localhost opt]# tar zxvf kubernetes-node-linux-amd64.tar.gz
[root@localhost opt]# cp kubernetes/node/bin/* /k8s/kubernetes/bin/
```

由于所有的 Node 节点的配置基本一致，不同之处在于各个节点的 IP 地址不同。因此下面以 Node1 节点为例来介绍 Node 节点的部署。

1. 配置 kubelet

首先创建 kubelet 参数配置模板文件/k8s/kubernetes/cfg/kubelet.config，内容如下：

```
apiVersion: v1
```

```
clusters:
- cluster:
    server: http://192.168.1.121:8080
  name: kubernetes
contexts:
- context:
    cluster: kubernetes
    user: kubelet-bootstrap
  name: default
current-context: default
kind: Config
```

然后创建 kubelet 配置文件/k8s/kubernetes/cfg/kubelet，其内容如下：

```
KUBELET_OPTS="--register-node=true \
--allow-privileged=true \
--hostname-override=192.168.1.122 \
--kubeconfig=/k8s/kubernetes/cfg/kubelet.config \
--cluster-dns=10.254.0.2 \
--cluster-domain=cluster.local \
--pod-infra-container-image=registry.access.redhat.com/rhel7/pod-infrastructure:latest \
--logtostderr=true"
```

接着创建 kubelet 系统服务单元文件，如下所示：

```
[Unit]
Description=Kubernetes Kubelet
After=docker.service
Requires=docker.service

[Service]
EnvironmentFile=/k8s/kubernetes/cfg/kubelet
ExecStart=/k8s/kubernetes/bin/kubelet $KUBELET_OPTS
Restart=on-failure
KillMode=process
[Install]
WantedBy=multi-user.target
```

最后启用并启动 kubelet 服务，命令如下：

```
[root@localhost ~]# systemctl enable kubelet
[root@localhost ~]# systemctl start kubelet
```

2. 部署 kube-proxy

正如前面介绍的一样，kube-proxy 运行在所有的 Node 节点上。Kube-proxy 监听 apiserver

中服务和端点的变化情况，并创建路由规则来进行服务负载均衡。

创建 kube-proxy 配置文件/k8s/kubernetes/cfg/kubelet-proxy，内容如下：

```
KUBE_PROXY_OPTS="--logtostderr=true \
--hostname-override=192.168.1.122 \
--master=http://192.168.1.121:8080"
```

创建 kube-proxy 系统服务单元文件/lib/systemd/system/kube-proxy.service，内容如下：

```
[Unit]
Description=Kubernetes Proxy
After=network.target
[Service]
EnvironmentFile=/k8s/kubernetes/cfg/kube-proxy
ExecStart=/k8s/kubernetes/bin/kube-proxy $KUBE_PROXY_OPTS
Restart=on-failure

[Install]
wantedBy=multi-user.target
```

然后启用并启动 kube-proxy，命令如下：

```
[root@localhost ~]# systemctl enable kube-proxy
[root@localhost ~]# systemctl start kube-proxy
```

部署完成之后，在 Master 节点上通过 kubectl 命令来查看节点和组件的状态，如下所示：

```
[root@localhost ~]# kubectl get nodes,cs
NAME                    STATUS    ROLES     AGE    VERSION
node/192.168.1.122      Ready     <none>    24h    v1.13.4
node/192.168.1.123      Ready     <none>    13s    v1.13.4

NAME                                  STATUS      MESSAGE                ERROR
componentstatus/controller-manager    Healthy     ok
componentstatus/scheduler             Healthy     ok
componentstatus/etcd-2                Healthy     {"health":"true"}
componentstatus/etcd-0                Healthy     {"health":"true"}
componentstatus/etcd-1                Healthy     {"health":"true"}
```

在部署 kubelet 时，一定要禁用主机的交换分区，否则会导致 kubelet 启动失败。

5.3 通过源代码安装 Kubernetes

Kubernetes 是一个非常棒的容器集群管理平台。在通常情况下，我们并不需要修改 Kubernetes 的代码即可直接使用。不过，如果我们在环境中发现了某个问题或者缺陷，或者按照特定业务需求需要修改 Kubernetes 代码时，为了让修改生效，那么就需要编译 Kubernetes 的源代码了。本节将详细介绍 Kubernetes 的源代码安装方法。

大致上，Kubernetes 的源代码编译有两种方式，其中一种为本地二进制文件编译，直接将源代码编译成本地二进制可执行文件；另外一种方式为 Docker 镜像编译 Kubernetes，可以编译出各个核心组件二进制文件以及对应的镜像文件。我们首先介绍本地二进制文件编译，然后再介绍 Docker 镜像编译。

5.3.1 本地二进制文件编译

本地二进制可执行文件编译需要安装 Go 运行环境，执行如下命令，命令的执行结果如下所示：

```
[root@localhost opt]# wget -c https://dl.google.com/go/go1.11.4.linux-amd64.tar.gz -P /opt/
```

上面的命令将 Go 可执行文件下载到/opt 目录中。下载完成之后，进入到该目录，命令如下：

```
[root@localhost ~]# cd /opt/
```

接下来将 Go 软件包释放到/usr/local 目录中，命令如下：

```
[root@localhost opt]# tar -C /usr/local -xzf go1.11.4.linux-amd64.tar.gz
```

最后配置 PATH 变量，将 Go 可执行文件的路径加入进去：

```
[root@localhost opt]# echo "export PATH=$PATH:/usr/local/go/bin" >> /etc/profile && source /etc/profile
```

准备好编译 Kubernetes 所需要的依赖之后，就可以下载 Kubernetes 的源代码了。通常情况下，用户应该为 Kubernetes 的源代码创建一个专门的目录。在本例中，在/opt 目录中创建一个名称为 k8s 的目录，命令如下：

```
[root@localhost ~]# mkdir /opt/k8s
```

切换到该目录之后，通过 git 命令将 Kubernetes 的源代码克隆到本地，并且指定版本为 1.13，如下所示：

```
[root@localhost k8s]# git clone https://github.com/kubernetes/kubernetes -b release-1.13
```

git 命令会在当前目录中自动创建一个名称为 kubernetes 的目录，所有的源代码都在该目录中。切换到该目录，然后执行以下命令进行编译：

```
[root@localhost kubernetes]# make all
```

编译完成之后，如果没有出错，将生成 Kubernetes 的各种可执行文件，文件位于 _output/bin 目录中，如下所示：

```
[root@localhost kubernetes]# ll _output/bin/
total 1648508
-rwxr-xr-x  1  root  root   39744960   Mar 16 19:59  apiextensions-apiserver
…
-rwxr-xr-x  1  root  root  177479616   Mar 16 19:59  hyperkube
-rwxr-xr-x  1  root  root   36337760   Mar 16 19:59  kubeadm
-rwxr-xr-x  1  root  root  138464480   Mar 16 19:59  kube-apiserver
-rwxr-xr-x  1  root  root  103737216   Mar 16 19:59  kube-controller-manager
-rwxr-xr-x  1  root  root   39161280   Mar 16 19:59  kubectl
-rwxr-xr-x  1  root  root  112851008   Mar 16 19:59  kubelet
-rwxr-xr-x  1  root  root  110721528   Mar 16 19:59  kubemark
-rwxr-xr-x  1  root  root   34746688   Mar 16 19:59  kube-proxy
-rwxr-xr-x  1  root  root   37202144   Mar 16 19:59  kube-scheduler
-rwxr-xr-x  1  root  root    4966976   Mar 16 19:59  linkcheck
-rwxr-xr-x  1  root  root    1595200   Mar 16 19:59  mounter
-rwxr-xr-x  1  root  root   10363744   Mar 16 19:16  openapi-gen
```

从上面的输出结果可以看到，通过编译，已经生成了 kubeadmin、kube-apiserver、kubectl 以及 kubelet 等前面已经介绍过的可执行文件。

接下来，用户就可以安装第 2 节介绍的方法进行安装、部署 Kubernetes 了。

源代码编译 Kubernetes 时需要较大的内存，建议主机拥有 16GB 以上的物理内存，否则会出现内存溢出的错误而导致编译失败。

5.3.2 Docker 镜像编译

Docker 镜像编译比较简单，用户只要先将 Kubernetes 的源代码克隆到本地，然后执行 make quick-release 命令即可：

```
$ git clone https://github.com/kubernetes/kubernetes
$ cd kubernetes
$ make quick-release
```

第 6 章

◀ Kubernetes 命令行工具 ▶

Kubernetes 提供了许多功能强大的命令行工具。对于系统管理员来说，绝大部分的管理工作都是通过命令行工具来完成的。因此，掌握好命令行工具，对于系统管理员来说是非常有必要的。本章将对 Kubernetes 提供的主要命令行工具进行介绍。

本章涉及的知识点有：

- kubectl 的使用方法：主要介绍如何通过 kubectl 对 Kubernetes 中的各种资源对象进行管理。
- kubeadm 的使用方法：介绍如何通过 kubeadm 安装、部署 Kubernetes 集群。

6.1 kubectl 的使用方法

kubectl 是 Kubernetes 集群的命令行工具，通过 kubectl 能够对集群本身进行管理，并能够在集群上进行容器化应用的安装部署。可以说，kubectl 是 Kubernetes 集群的最重要的工具，是整个集群的大管家。本节将详细介绍 kubectl 的使用方法，以便于后面章节的学习。

6.1.1 kubectl 用法概述

kubectl 是一个 Kubernetes 的客户端工具。在前面介绍 Kubernetes 的安装方法时，kubectl 通常会在 Kubernetes 的 Master 节点的安装过程中被一同安装。实际上，kubectl 是可以单独安装和运行的，它可以安装在任意一台 Linux、Windows 或者 Mac 电脑上，只要这台电脑能够连接 Master 节点，就可以通过它来管理 Kubernetes 集群。

例如，在 MacOS 中，用户可以通过以下命令下载最新版本的 kubectl：

```
curl -LO https://storage.googleapis.com/kubernetes-release/release/$(curl -s https://storage.googleapis.com/kubernetes-release/release/stable.txt)/bin/darwin/amd64/kubectl
```

如果要下载特定版本的 kubectl，就只需要将上面命令中的 $(curl -s https://storage.googleapis.com/kubernetes-release/release/stable.txt) 替换为指定的版本号即可，例如，用户想要下载 v1.8.0，可以使用以下命令：

```
https://storage.googleapis.com/kubernetes-release/release/v1.8.0/bin/darwin
/amd64/kubectl
```

下载后得到的是二进制的 kubectl 可执行文件,用户需要通过修改它的权限,使它可以执行,命令如下:

```
chmod +x kubectl
```

chmod 命令用于修改文件的模式位,+x 表示增加可执行权限。

除此之外,MacOS 用户还可以使用以下命令安装 kubectl:

```
sudo port selfupdate
sudo port install kubectl
```

如果在 Linux 上下载 kubectl,同样可以使用 curl 命令。例如下面的命令用于下载 v1.8.0 版本的 kubectl:

```
[root@localhost ~]# curl -LO
https://storage.googleapis.com/kubernetes-release/release/v1.8.0/bin/linux/amd
64/kubectl
```

除了 curl 命令之外,在 Linux 系统中,用户还可以通过 wget 命令来下载 kubectl,如下所示:

```
[root@localhost ~]# wget
https://storage.googleapis.com/kubernetes-release/release/v1.7.0/bin/linux/amd
64/kubectl
```

对于 Windows 用户来说,Kubernetes 也提供了相应的版本,例如,用户可以通过以下网址下载 64 位 Windows 版本下 v1.8.0 的版本的 kubectl:

```
https://storage.googleapis.com/kubernetes-release/release/v1.8.0/bin/window
s/amd64/kubectl.exe
```

kubectl 的基本语法如下:

```
kubectl [command] [type] [name] [flags]
```

其中,command 用来指定要对资源执行的操作,例如 create、get 以及 delete 等。type 用来指定资源类型,资源类型是区分英文字母大小写的,用户可以以单数、复数以及缩略的形式指定资源类型,例如 pod、pods 或者 po 等。name 用来指定资源的名称,资源名称也是区分英文字母大小写的,若没有指定资源名称,则默认显示所有的资源。flag 指定可选的参数。例如,可以使用-s 或者-server 参数指定 Kubernetes API server 的地址和端口。

此外,用户可以通过 kubectl help 命令查找更多的帮助信息,如下所示:

```
[root@localhost ~]# kubectl help
kubectl controls the Kubernetes cluster manager.

Find more information at https://github.com/kubernetes/kubernetes.
```

```
  Basic Commands (Beginner):
    create         Create a resource by filename or stdin
    expose         Take a replication controller, service, deployment or pod and
expose it as a new Kubernetes Service
    run            Run a particular image on the cluster
    set            Set specific features on objects

  Basic Commands (Intermediate):
    get            Display one or many resources
    explain        Documentation of resources
    edit           Edit a resource on the server
    delete         Delete resources by filenames, stdin, resources and names, or
by resources and label selector

  Deploy Commands:
    rollout        Manage a deployment rollout
    rolling-update Perform a rolling update of the given ReplicationController
    scale          Set a new size for a Deployment, ReplicaSet, Replication
Controller, or Job
    autoscale      Auto-scale a Deployment, ReplicaSet, or ReplicationController

  Cluster Management Commands:
    certificate    Modify certificate resources.
    cluster-info   Display cluster info
    top            Display Resource (CPU/Memory/Storage) usage
    cordon         Mark node as unschedulable
    uncordon       Mark node as schedulable
    drain          Drain node in preparation for maintenance
    …
```

6.1.2 kubectl 子命令

kubectl 作为 Kubernetes 的命令行工具，主要职责就是对集群中的资源对象进行操作，这些操作包括对资源对象的创建、删除和查看等。因此，kubectl 提供了非常多的子命令。表 6-1 显示了 kubectl 支持的所有操作，以及这些操作的语法和描述信息。

表 6-1 kubectl 常用子命令

命令	语法	描述
annotate	kubectl annotate (-f filename | type name | type/name) key_1=val_1 … key_n=val_n [–overwrite] [–all] [–resource-version=version] [flags]	添加或更新一个或多个资源注释
api-versions	kubectl api-versions [flags]	列出可用的 api 版本
apply	kubectl apply -f filename [flags]	把来自于文件或标准输入的配置变更应用到主要对象中

（续表）

命令	语法	描述
attach	kubectl attach pod -c container [-i] [-t] [flags]	连接到正在运行的容器上，以查看输出流或与容器交互
autoscale	kubectl autoscale (-f filename | type name | type/name) [–min=minpods] –max=maxpods [–cpu-percent=cpu] [flags]	自动扩容和缩容（伸缩）由副本控制器管理的 pod
cluster-info	kubectl cluster-info [flags]	显示群集中的主节点和服务的端点信息
config	kubectl config subcommand [flags]	修改 kubeconfig 文件
create	kubectl create -f filename [flags]	从文件或标准输入中创建一个或多个资源对象
delete	kubectl delete (-f filename | type [name | /name | -l label | –all]) [flags]	删除资源对象
describe	kubectl describe (-f filename | type [name_prefix | /name | -l label]) [flags]	显示一个或者多个资源对象的详细信息
edit	kubectl edit (-f filename | type name | type/name) [flags]	通过默认编辑器编辑和更新服务器上的一个或多个资源对象
exec	kubectl exec pod [-c container] [-i] [-t] [flags] [– command [args…]]	在 pod 的容器中执行一个命令
explain	kubectl explain [–include-extended-apis=true] [–recursive=false] [flags]	获取 pod、node 和服务等资源对象的文档
expose	kubectl expose (-f filename | type name | type/name) [–port=port] [–protocol=tcp|udp] [–target-port=number-or-name] [–name=name] [—-external-ip=external-ip-of-service] [–type=type] [flags]	为副本控制器、服务或 pod 等暴露一个新的服务
get	kubectl get (-f filename | type [name | /name | -l label]) [–watch] [–sort-by=field] [[-o | –output]=output_format] [flags]	列出一个或多个资源
label	kubectl label (-f filename | type name | type/name) key_1=val_1 … key_n=val_n [–overwrite] [–all] [–resource-version=version] [flags]	添加或更新一个或者多个资源对象的标签
logs	kubectl logs pod [-c container] [–follow] [flags]	显示 pod 中一个容器的日志
patch	kubectl patch (-f filename | type name | type/name) –patch patch [flags]	使用策略合并补丁更新资源对象中的一个或多个字段
port-forward	kubectl port-forward pod [local_port:]remote_port […[local_port_n:]remote_port_n] [flags]	将一个或多个本地端口转发到 pod

（续表）

命令	语法	描述
proxy	kubectl proxy [–port=port] [–www=static-dir] [–www-prefix=prefix] [–api-prefix=prefix] [flags]	为 kubernetes api 服务器运行一个代理
replace	kubectl replace -f filename	从文件或 stdin 中替换资源对象
rolling-update	kubectl rolling-update old_controller_name ([new_controller_name] –image=new_container_image | -f new_controller_spec) [flags]	通过逐步替换指定的副本控制器和 pod 来执行滚动更新
run	kubectl run name –image=image [–env="key=value"] [–port=port] [–replicas=replicas] [–dry-run=bool] [–overrides=inline-json] [flags]	在集群上运行一个指定的镜像
scale	kubectl scale (-f filename | type name | type/name) –replicas=count [–resource-version=version] [–current-replicas=count] [flags]	扩容和缩容（伸缩）副本集的数量
version	kubectl version [–client] [flags]	显示运行在客户端和服务器端的 Kubernetes 版本

6.1.3 Kubernetes 资源对象类型

在 Kubernetes 中，提供了很多的资源对象，开发和运维人员可以通过这些对象对容器进行编排。表 6-2 是 kubectl 所支持的资源对象类型，以及它们的缩略别名。

表 6-2 资源对象列表

资源	缩写	说明
clusters		集群
componentstatuses	cs	组件对象状态
configmaps	cm	ConfigMap 可以被用来保存单个属性，也可以用来保存整个配置文件或者 JSON 二进制对象。ConfigMap API 资源存储"键-值对"（Key-Value Pair）配置数据，这些数据可以在 pod 里使用
daemonsets	ds	DaemonSet 能够让所有（或者一些特定）的 Node 节点运行同一个 pod
deployments	deploy	Deployments 是 Kubernetes 中的一种控制器，是比 ReplicaSet 更高级的概念，它最重要的特性是支持对 pod 与 ReplicaSet 的声明式升级，声明式升级比其他方式的升级更安全可靠
endpoints	ep	Endpoints 是实现实际服务的端点集合
events	ev	记录了集群运行所产生的各种事件
ingress	ing	Ingresss 是 k8s 集群中的一个 API 资源对象，扮演边缘路由器（edge router）的角色
nodes	no	节点

(续表)

资源	缩写	说明
namespaces	ns	命名空间
pods	po	获取 Pod 信息
replicasets	rs	代用户创建指定数量的 pod 副本数量，确保 pod 副本数量符合预期状态，并且支持滚动式自动扩容和缩容功能
cronjob		周期性任务控制，不需要持续后台运行
services	svc	各种服务

6.1.4 kubectl 输出格式

在默认情况下，kubectl 命令输出格式为纯文本。但是，用户可以通过-o 或者--output 选项来指定其他的输出格式。表 6-3 列出了常见的输出格式及其选项名称。

表 6-3 kubectl 输出格式

选项	说明
custom-columns=<spec>	根据自定义列名进行输出，逗号分隔
custom-columns-file=<filename>	从文件中获取自定义列名进行输出
json	以 JSON 格式显示结果
jsonpath=<template>	输出 jsonpath 表达式定义的字段信息
jasonpath-file=<filename>	输出 jsonpath 表达式定义的字段信息，来源于文件
name	仅输出资源对象的名称
wide	输出更多信息，比如会输出 Node 节点名称
yaml	以 yaml 格式输出

6.1.5 kubectl 命令举例

为了使读者能够快速掌握 kubectl 命令的使用方法，下面对常用的命令进行介绍。

1. kubectl create 命令

此命令通过文件或者标准输入创建一个资源对象，支持 YAML 或者 JSON 格式的配置文件。例如，如果用户创建了一个 Nginx 的 YAML 配置文件，其内容如下：

```
apiVersion: v1
kind: ReplicationController
metadata:
  name: nginx-controller
spec:
  replicas: 2
  selector:
```

```
      name: nginx
  template:
    metadata:
      labels:
        name: nginx
    spec:
      containers:
        - name: nginx
          image: nginx
          ports:
            - containerPort: 80
```

用户可以使用以下命令创建 MySQL 的副本控制器：

```
[root@localhost ~]# kubectl create -f nginx.yaml
replicationcontroller "nginx-controller" created
```

2. kubectl get 命令

用户可以通过此命令列出一个或多个资源对象，该命令的参数为资源类型名称。例如下面的命令列出当前命名空间下面的节点：

```
[root@localhost ~]# kubectl get nodes
NAME            STATUS      AGE
192.168.1.122   Ready       12d
192.168.1.123   Ready       12d
```

下面的命令列出所有的服务：

```
[root@localhost ~]# kubectl get services
NAME          CLUSTER-IP     EXTERNAL-IP    PORT(S)     AGE
kubernetes    10.254.0.1     <none>         443/TCP     12d
…
```

下面的命令以比较详细的方式列出当前命名空间中的 Pod：

```
[root@localhost ~]# kubectl get pods -o wide
NAME                          READY   STATUS    RESTARTS   AGE   IP           NODE
nginx-controller-g5165        1/1     Running   0          4m    172.17.0.3   127.0.0.1
nginx-controller-zz0dk        1/1     Running   0          4m    172.17.0.2   127.0.0.1
…
```

3. kubectl describe 命令

此命令用于显示一个或多个资源对象的详细信息，例如我们想要获取名称为 nginx-controller-g5165 的 Pod 的详细信息，可以使用以下命令：

```
[root@localhost ~]# kubectl describe pods/nginx-controller-g5165
Name:           nginx-controller-g5165
Namespace:      default
```

```
Node:                127.0.0.1/127.0.0.1
Start Time:          Sat, 23 Mar 2019 07:00:19 +0800
Labels:              name=nginx
Status:              Running
IP:                  172.17.0.3
Controllers:         ReplicationController/nginx-controller
Containers:
  nginx:
    Container ID:    docker://5c427e437a4cb413e33b12c3dcc5d16ec1772876a4e5552669d842edf8bb1372
    Image:           nginx
    Image ID:        docker-pullable://docker.io/nginx@sha256:98efe605f61725fd817ea69521b0eeb32bef007af0e3d0aeb6258c6e6fe7fc1a
    Port:            80/TCP
    State:           Running
    Started:         Sat, 23 Mar 2019 07:03:37 +0800
    Ready:           True
    Restart Count:   0
    Volume Mounts:   <none>
    Environment Variables:  <none>
Conditions:
  Type           Status
  Initialized    True
  Ready          True
  PodScheduled   True
No volumes.
…
```

4. kubectl exec 命令

此命令用于在 Pod 中的容器中执行一个命令，例如，下面的命令在名称为 my-nginx-379829228-8gfbb 的容器中执行/bin/bash 命令：

```
[root@localhost ~]# kubectl exec -it my-nginx-379829228-8gfbb /bin/bash
root@my-nginx-379829228-8gfbb:/#
$ kubectl exec -it nginx-c5cff9dcc-dr88w /bin/bash
```

执行完以后，可以发现 Shell 的命令提示符发生了变化，表明已经进入了容器的 Shell 环境中。

如果想要在容器中执行 ls 命令，可以使用以下方式：

```
[root@localhost ~]# kubectl exec nginx-controller-g5165 ls
bin
boot
```

```
dev
etc
home
lib
lib64
media
…
```

在上面的命令中，nginx-controller-g5165 为 Pod 名称。

5. kubectl run 命令

该命令用来创建一个应用。与 kubectl create 命令不同，在该命令中，所有的选项可以通过命令行指定。例如，下面的命令创建一个 Nginx 应用：

```
[root@localhost ~]# kubectl run --image=nginx nginx-app --port=8080
deployment "nginx-app" created
```

执行完之后，通过 get 命令查看创建进度，如下所示：

```
[root@localhost ~]# kubectl get pods
NAME                            READY     STATUS     RESTARTS     AGE
nginx-app-2743647498-f6qc6      1/1       Running    0            1m
…
```

可以得知，刚刚创建的 Pod 已经处于运行状态。

6. kubectl delete 命令

该命令用来删除集群中的资源。例如，下面的命令删除名称为 nginx-controller-zz0dk 的 Pod：

```
[root@localhost ~]# kubectl delete pods/nginx-controller-zz0dk
pod "nginx-controller-zz0dk" deleted
```

除了上面介绍的几个命令之外，kubectl 还提供了许多功能强大的命令，读者可以参考其他的技术文档，在此不再详细介绍。

6.2 kubeadm 的使用方法

kubeadm 是 Kubernetes 官方主推的用于快速安装 Kubernetes 集群的命令行工具，伴随 Kubernetes 每个版本的发布都会同步更新，kubeadm 会对集群配置方面的一些实践进行调整。本节将详细介绍 kubeadm 的使用方法。

6.2.1 kubeadm 安装方法

在默认情况下，kubeadm 不会被自动安装。如果用户想要使用 kubeadm 工具，可以下载 Kubernetes 的二进制文件包，当然也可以通过源代码自己编译生成。如果已经下载了 Kubernetes 的二进制文件，那么 kubeadm 命令将位于 server/bin 目录中。从下面的列表可以发现该目录中包含了多个 Kubernetes 的可执行文件，例如 kube-apiserver、kubectl 以及 kubelet 等。

```
[root@localhost bin]# ll
total 1405788
-rwxr-xr-x  1  root    root    39847392   Feb 28 22:12
apiextensions-apiserver
…
-rwxr-xr-x  1  root    root    177790872  Feb 28 22:12   hyperkube
-rwxr-xr-x  1  root    root    36415584   Feb 28 22:12   kubeadm
-rwxr-xr-x  1  root    root    138661120  Feb 28 22:12
kube-apiserver
-rw-r--r--  1  root    root    182551552  Feb 28 22:08
kube-apiserver.tar
-rwxr-xr-x  1  root    root    103921568  Feb 28 22:12
kube-controller-manager
…
-rwxr-xr-x  1  root    root    39251424   Feb 28 22:12   kubectl
-rwxr-xr-x  1  root    root    113031192  Feb 28 22:12   kubelet
-rwxr-xr-x  1  root    root    34832736   Feb 28 22:12   kube-proxy
-rw-r--r--  1  root    root    82128896   Feb 28 22:08
kube-proxy.tar
-rwxr-xr-x  1  root    root    37300480   Feb 28 22:12
kube-scheduler
-rw-r--r--  1  root    root    81190912   Feb 28 22:08
kube-scheduler.tar
-rwxr-xr-x  1  root    root    1595200    Feb 28 22:12   mounter
```

除此之外，如果是在 CentOS 中安装 kubeadm，用户还可以通过软件包管理工具来安装。先添加 Kubernetes 的软件仓库，创建 /etc/yum.repos.d/kubernetes.repo 文件，其内容如下：

```
[kubernetes]
name=Kubernetes
baseurl=https://mirrors.aliyun.com/kubernetes/yum/repos/kubernetes-el7-x86_64
enabled=1
gpgcheck=1
repo_gpgcheck=1
gpgkey=https://mirrors.aliyun.com/kubernetes/yum/doc/yum-key.gpg
https://mirrors.aliyun.com/kubernetes/yum/doc/rpm-package-key.gpg
```

上面的代码将阿里云的 Kubernetes 镜像站点添加到当前系统中,然后通过以下命令安装:

```
[root@localhost ~]# yum install -y kubeadm
```

6.2.2 kubeadm 基本语法

kubeadmin 的基本语法如下:

```
kubeadm [command]
```

其中 command 为 kubeadm 提供的子命令,常用的子命令有:

- config: 指定初始化集群时使用的配置文件。
- init: 初始化 Master 节点。
- join: 初始化 Node 节点并加入集群。
- reset: 重置当前节点,包括 Master 节点和 Node 节点。

6.2.3 部署 Master 节点

在使用 kubeadm 命令之前,用户首先需要处理几个先决条件,这是因为 kubeadm 依赖于 Docker 和 kubelet 等组件服务,下面分别介绍。

1. 安装 Docker

用户需要在节点上安装 Docker,命令如下:

```
[root@localhost ~]# yum -y install docker
```

然后通过以下命令启用并启动 Docker:

```
[root@localhost ~]# systemctl enable docker
[root@localhost ~]# systemctl start docker
```

2. 安装 kubelet

接下来使用以下命令安装 kubelet 以及其他组件:

```
[root@localhost ~]# yum install -y kubelet kubeadm kubectl ipvsadm
```

在节点上面启用并启动 kubelet 服务:

```
[root@localhost ~]# systemctl enable kubelet
[root@localhost ~]# systemctl start kubelet
```

3. 禁用 SELinux

用户还需要禁用 SELinux,命令如下:

```
[root@localhost ~]# sed -i 's/SELINUX=permissive/SELINUX=disabled/' /etc/sysconfig/selinux
[root@localhost ~]# setenforce 0
```

```
setenforce: SELinux is disabled
```

4. 禁用交换分区

用户可以通过以下命令临时禁用交换分区：

```
[root@localhost ~]# swapoff -a
```

然后修改/etc/fstab 文件，将其中关于交换分区的项目注释掉，防止操作系统重新启动后自动挂载交换分区，如下所示：

```
#/dev/mapper/centos-swap swap                    swap    defaults        0 0
```

5. 修改防火墙规则

Docker 从 1.13 版本开始调整了默认的防火墙规则，禁用了 iptables 的 filter 表中的 FORWARD 链，这样会引起 Kubernetes 集群中跨节点的 Pod 无法通信，所以用户需要修改该规则，命令如下：

```
[root@localhost ~]# iptables -P FORWARD ACCEPT
[root@localhost ~]# iptables-save
```

6. 配置转发

创建/etc/sysctl.d/k8s.conf 文件，其内容如下：

```
net.bridge.bridge-nf-call-ip6tables = 1
net.bridge.bridge-nf-call-iptables = 1
vm.swappiness=0
```

调用以下命令使配置生效：

```
[root@localhost ~]# sysctl --system
```

7. 修改 kubelet 配置文件

编辑/etc/sysconfig/kubelet 文件，在 KUBELET_EXTRA_ARGS 配置项中增加以下代码：

```
--cgroup-driver=systemd
--pod-infra-container-image=registry.cn-hangzhou.aliyuncs.com/google_containers/pause-amd64:3.1
```

上述代码的作用是使 Kubernetes 中的 Pause 容器使用国内的镜像。

重新启动 kubelet：

```
[root@localhost ~]# systemctl daemon-reload
[root@localhost ~]# systemctl enable kubelet && systemctl restart kubelet
```

上面的操作需要在所有的节点上面执行。

处理好所有的先决条件之后，就可以部署 Master 节点了，执行如下命令，命令的执行结果如下所示：

```
[root@localhost ~]# kubeadm init
[init] Using Kubernetes version: v1.14.1
[preflight] Running pre-flight checks
[preflight] Pulling images required for setting up a Kubernetes cluster
[preflight] This might take a minute or two, depending on the speed of your internet connection
[preflight] You can also perform this action in beforehand using 'kubeadm config images pull'
```

接下来就是等待过程，在这个过程中，kubeadm 会完成以下几个主要步骤：

（1）检查初始化节点所需要的先决条件，如果不满足，就给出错误提示。
（2）生成 Kubernetes 集群的令牌。
（3）生成自签名的 CA 和客户端证书。
（4）自动创建 kubeconfig 配置文件，该文件是提供给 kubelet 连接 API Server 时使用的。
（5）配置基于角色的访问控制，并且设置 Maser 节点只允许控制组件服务。
（6）创建其他的相关服务，例如 kube-proxy 和 kube-dns 等。

不过，kubeadm 命令并不初始化网络组件，所以对于网络方面的插件，需要用户单独配置。

6.2.4 部署 Node 节点

部署普通的 Node 节点需要使用 join 命令，在使用该命令时，需要提供前面初始化 Master 节点时生成的令牌。命令如下：

```
[root@localhost ~]# token=$(kubeadm token list | grep authentication,signing | awk '{print $1}')
[root@localhost ~]# kubeadm join --token $token 192.168.21.138
```

在上面的命令中，第 1 行用来获取令牌，第 2 行执行初始化并加入集群，--token 选项用来指定令牌，后面的 IP 地址为 Master 节点的 IP 地址。

在上面的过程中，kubeadm 命令会自动从 API 服务器中下载证书，然后创建本地证书，请求签名，最后配置 kubelet 服务注册到 API 服务器。

6.2.5 重置节点

无论是 Master 节点还是 Node 节点，如果想要重新部署，都可以使用 reset 命令，如下所示：

```
[root@localhost ~]# kubeadm reset
[reset] WARNING: Changes made to this host by 'kubeadm init' or 'kubeadm join' will be reverted.
[reset] Are you sure you want to proceed? [y/N]: y
```

```
    [preflight] Running pre-flight checks
    W0428 02:26:34.961358   38084 reset.go:234] [reset] No kubeadm config, using
etcd pod spec to get data directory
    [reset] No etcd config found. Assuming external etcd
    [reset] Please manually reset etcd to prevent further issues
    [reset] Stopping the kubelet service
    [reset] unmounting mounted directories in "/var/lib/kubelet"
    [reset] Deleting contents of stateful directories: [/var/lib/kubelet
/etc/cni/net.d /var/lib/dockershim /var/run/kubernetes]
    [reset] Deleting contents of config directories: [/etc/kubernetes/manifests
/etc/kubernetes/pki]
    [reset] Deleting files: [/etc/kubernetes/admin.conf
/etc/kubernetes/kubelet.conf /etc/kubernetes/bootstrap-kubelet.conf
/etc/kubernetes/controller-manager.conf /etc/kubernetes/scheduler.conf]
```

第 7 章

◀ 运行应用 ▶

通过前面几章的学习，读者应该对 Kubernetes 有了充分的认识。Kubernetes 作为一种容器编排引擎，最重要的功能就是管理好容器，提供各种服务。在本章中，我们将详细介绍如何在 Kubernetes 中部署各种容器化应用。

本章涉及的知识点主要有：

- Deployment 及其使用方法：主要介绍如何创建和运行 Deployment，以及如何用 Deployment 管理 ReplicaSet、Pod，实现滚动升级、回滚应用、扩容和缩容。
- DaemonSet 的使用方法：主要介绍 DaemonSet 的基本概念、Kubernetes 系统中的 DaemonSet 以及如何运行自己的 DaemonSet。
- Job：主要介绍 Job 的用途，Job 的并行性以及定时 Job 等。

7.1 Deployment

Deployment 提供了一种更加简单的更新 Replication Controller 和 Pod 的机制，更好地解决了 Pod 的编排问题。本节将详细介绍如何通过 Deployment 实现 Pod 的管理。

7.1.1 什么是 Deployment

Deployment 的中文意思为部署、调集，它是在 Kubernetes 的版本 1.2 中新增加的一个核心概念。Deployment 的实现为用户管理 Pod 提供了一种更为便捷的方式。用户可以通过在 Deployment 中描述所期望的集群状态，Deployment 会将现在的集群状态在一个可控的速度下逐步更新成所期望的集群状态。与 Replication Controller（复制控制器）基本一样，Deployment 主要职责同样是为了保证 Pod 的数量和健康。Deployment 的绝大部分的功能与 Replication Controller 完全一样，因此，用户可以将 Deployment 看作是升级版的 Replication Controller。

与 Replication Controller 相比，除了继承 Replication Controller 的全部功能之外，Deployment 还有以下新的特性：

- 事件和状态查看：可以查看 Deployment 的升级详细进度和状态。
- 回滚：当升级 Pod 镜像或者相关参数的时候发现问题，可以使用回滚操作回退到上一个稳定的版本或者指定的版本。

- 版本记录：每一次对 Deployment 的操作，都能保存下来，以备于后续可能的回滚操作。
- 暂停和启动：对于每一次升级，都能够随时暂停和启动。
- 多种升级方案：主要包括重建，即删除所有已存在的 Pod，重新创建新的 Pod；滚动升级，即采用逐步替换的策略，同时滚动升级时，支持更多的附加参数。

7.1.2 Deployment 与 ReplicaSet

说到 ReplicaSet 对象，还是不得不提到 Replication Controller（复制控制器）。在旧版本的 Kubernetes 中，只有 Replication Controller 对象，它的主要作用是确保 Pod 以用户指定的副本数运行，即如果有容器异常退出，Replication Controller 会自动创建新的 Pod 来替代，因异常情况而多出来的容器也会自动回收。可以说，通过 Replication Controller，Kubernetes 实现了集群的高可用性。

在新版本的 Kubernetes 中，建议使用 ReplicaSet 来取代 Replication Controller。ReplicaSet 跟 Replication Controller 没有本质的不同，只是名字不一样，并且 ReplicaSet 支持集合式的选择器，而 Replication Controller 只支持等式选择器。

虽然 ReplicaSet 也可以独立使用，但是 Kubernetes 并不建议用户直接操作 ReplicaSet 对象。而是通过更高层次的对象 Deployment 来自动管理 ReplicaSet，这样就无须担心与其他机制不兼容的问题，比如 ReplicaSet 不支持滚动更新，但 Deployment 支持，并且 Deployment 还支持版本记录、回滚、暂停升级等高级特性。这意味着用户几乎不会有机会去直接管理 ReplicaSet。

 用户不该手动管理由 Deployment 创建的 ReplicaSet，否则就篡夺了 Deployment 的职责。

7.1.3 运行 Deployment

我们先从一个最简单的例子开始，介绍如何运行 Deployment，执行如下命令，命令的执行结果如下所示：

```
[root@localhost ~]# kubectl run nginx-deployment --image=nginx:1.7.9 --replicas=3
deployment "nginx-deployment" created
```

在上面的命令中，nginx-deployment 是指要创建的 Deployment 的名称，--image 选项用来指定容器所使用的镜像，其中 nginx 为镜像名称，1.7.9 为版本号。replicas 选项用来指定 Pod 的副本数为 3，即当前集群中在任何时候都要保证有 3 个 Nginx 的副本在运行。

执行完命令之后，用户可以通过 get 命令查看刚才运行的 Deployment，如下所示：

```
[root@localhost ~]# kubectl get deployment nginx-deployment
NAME               DESIRED   CURRENT   UP-TO-DATE   AVAILABLE   AGE
nginx-deployment   3         3         3            3           10s
```

在上面的输出结果中，DESIRED 表示预期的副本数，即我们在命令中通过--replicas 参数指定的数量。CURRENT 表示当前的副本数。实际上，CURRENT 是 Deployment 所创建的 ReplicaSet 中 Replica 的值，在部署的过程中，这个数值会不断地增加，一直增加到 DESIRED 所指定的值为止。UP-TO-DATE 表示当前已经处于最新版本的 Pod 的副本数，主要用于在滚动升级的过程中，表示当前已经有多少个副本已经成功升级。AVAILABLE 表示当前集群中属于当前 Deployment 的可用的 Pod 的副本数量，实际上，就是当前 Deployment 所产生的，在当前集群中存活的 Pod 的数量。AGE 表示当前 Deployment 的年龄，即从创建到现在的时间差。

接下来，我们通过 describe deployment 命令来查看当前 Deployment 的更加详细的信息，如下所示：

```
[root@localhost ~]# kubectl describe deployment nginx-deployment
Name:                   nginx-deployment
Namespace:              default
CreationTimestamp:      Sun, 24 Mar 2019 06:57:18 +0800
Labels:                 run=nginx-deployment
Selector:               run=nginx-deployment
Replicas:               3 updated | 3 total | 3 available | 0 unavailable
StrategyType:           RollingUpdate
MinReadySeconds:        0
RollingUpdateStrategy:  1 max unavailable, 1 max surge
Conditions:
  Type           Status     Reason
  ----           ------     ------
  Available      True       MinimumReplicasAvailable
OldReplicaSets: <none>
NewReplicaSet:  nginx-deployment-3954615459 (3/3 replicas created)
No events.
```

上面的输出信息的含义大部分都非常明确，我们重点关注几点即可。首先 Namespace 表示当前 Deployment 所属的命名空间为 default，即缺省的命名空间。Replicas 表示当前 Pod 的副本信息。NewReplicaSet 表示由 Deployment 自动创建的 ReplicaSet，其名称为 nginx-deployment-3954615459，可以发现 ReplicaSet 的名称使用了所属的 Deployment 的名称作为前缀，这样可以非常容易地分辨这个 ReplicaSet 是由哪个 Deployment 所创建的。

前面已经介绍过 ReplicaSet 是一个非常重要的概念，而且用户几乎不会直接操作 ReplicaSet，而是通过 Deployment 间接地管理。下面我们通过 get replicaset 命令来查看 ReplicaSet 的信息，如下所示：

```
[root@localhost ~]# kubectl get replicaset
NAME                          DESIRED   CURRENT   READY   AGE
nginx-deployment-3954615459   3         3         3       10s
```

在上面的输出信息中，ReplicaSet 的名称为 nginx-deployment-3954615459。READY 表示

当前已经就绪的副本数。

为了了解更多关于 nginx-deployment-3954615459 的信息，可以通过 describe replicaset 命令，如下所示：

```
[root@localhost ~]# kubectl describe replicaset nginx-deployment-3954615459
Name:           nginx-deployment-3954615459
Namespace:      default
Image(s):       nginx:1.7.9
Selector:       pod-template-hash=3954615459,run=nginx-deployment
Labels:         pod-template-hash=3954615459
                run=nginx-deployment
Replicas:       3 current / 3 desired
Pods Status:    3 Running / 0 Waiting / 0 Succeeded / 0 Failed
No volumes.
No events.
```

Image 表示容器所使用的镜像为 nginx:1.7.9，Replicas 表示副本数，Pods Status 表示当前 Deployment 所创建的 Pod 的状态，可以看到有 3 个副本处于运行（Running）状态，没有处于等待（Waiting）、结束（Succeeded）或者失败（Failed）状态的 Pod。

接下来我们再继续探讨 Deployment 所创建的 Pod。执行 get pod 命令，获取当前集群中的 Pod 信息，如下所示：

```
[root@localhost ~]# kubectl get pod -o wide
NAME                                READY   STATUS   RESTARTS   AGE
 IP         NODE
…
 nginx-deployment-3954615459-4zp22  1/1     Running  0          1h
172.17.0.5 192.168.1.122
 nginx-deployment-3954615459-b2jvj  1/1     Running  0          1h
172.17.0.3 127.0.0.1
 nginx-deployment-3954615459-rpjcp  1/1     Running  0          1h
172.17.0.4 127.0.0.1
 …
```

可以得知，3 个 Pod 副本都处于运行状态。另外，Kubernetes 还为每个 Pod 自动分配了 IP 地址。其中 1 个副本运行在名称为 192.168.1.122 的节点上，2 个副本运行在名称为 127.0.0.1 的节点上。为了便于维护，Pod 的命名规则也是以 Deployment 的名称以及 ReplicaSet 的名称作为前缀的。由此可以推断出，在同一个节点上面，可以同时运行一个 Pod 的多个副本。

前面已经介绍过，Kubernetes 中的各种服务最终是由 Pod 中的容器提供的。因此，了解 Pod 及其容器是我们的最终目标。所以，下面通过 kubectl describe pod 命令来查看其中某个 Pod 副本的详细信息，如下所示：

```
[root@localhost ~]# kubectl describe pod nginx-deployment-3954615459-4zp22
```

```
    Name:               nginx-deployment-3954615459-4zp22
    Namespace:          default
    Node:               192.168.1.122/192.168.1.122
    Start Time:         Sun, 24 Mar 2019 06:57:19 +0800
    Labels:             pod-template-hash=3954615459
                        run=nginx-deployment
    Status:             Running
    IP:                 172.17.0.2
    Controllers:        ReplicaSet/nginx-deployment-3954615459
    Containers:
      nginx-deployment:
        Container ID:   docker://df381a4ea070522af06d897d0c49a253def23ac7264a8b5bc3b50fbe67e86b6a
        Image:                  nginx:1.7.9
        Image ID:       docker-pullable://docker.io/nginx@sha256:e3456c851a152494c3e4ff5fcc26f240206abac0c9d794affb40e0714846c451
        Port:
        State:                  Running
          Started:              Sun, 24 Mar 2019 17:02:43 +0800
        Last State:             Terminated
          Reason:               Completed
          Exit Code:            0
          Started:              Sun, 24 Mar 2019 07:59:14 +0800
          Finished:             Sun, 24 Mar 2019 08:03:36 +0800
        Ready:                  True
        Restart Count:          1
        Volume Mounts:          <none>
        Environment Variables:  <none>
    Conditions:
      Type          Status
      Initialized   True
      Ready         True
      PodScheduled  True
    No volumes.
    QoS Class:      BestEffort
    Tolerations:    <none>
    Events:
      FirstSeen     LastSeen        Count   From                    SubObjectPath   Type            Reason                  Message
      ---------     --------        -----   ----                    -------------   --------        ------                  -------
      56m           56m             2       {kubelet 192.168.1.122}
```

```
Warning       MissingClusterDNS       kubelet does not have ClusterDNS IP
configured and cannot create Pod using "ClusterFirst" policy. Falling back to
DNSDefault policy.
    56m         56m         1       {kubelet 192.168.1.122}
spec.containers{nginx-deployment}         Normal          Pulled
Container image "nginx:1.7.9" already present on machine
    56m         56m         1       {kubelet 192.168.1.122}
spec.containers{nginx-deployment}         Normal          Created
Created container with docker id df381a4ea070; Security:[seccomp=unconfined]
    56m         56m         1       {kubelet 192.168.1.122}
spec.containers{nginx-deployment}         Normal          Started
Started container with docker id df381a4ea070
```

该命令的输出信息非常多，我们只要关注其中重要的部分即可。Node 表示当前 Pod 所处的节点。IP 是 Kubernetes 为当前 Pod 副本分配的 IP 地址，用户可以通过该 IP 地址与 Pod 通信。Controllers 表示当前 Pod 由哪个 Deployment 和 ReplicaSet 所创建。在本例中，Deployment 名称为 nginx-deployment，ReplicaSet 名称为 nginx-deployment-3954615459。Containers 表示当前 Pod 中的容器的列表，在本例中，只有一个用户容器，其容器 ID 为 docker://df381a4ea070522af06d897d0c49a253def23ac7264a8b5bc3b50fbe67e86b6a。Events 为当前 Pod 副本的日志信息，便于用户调试。

最后，我们的关注点落在了容器上。由于 nginx-deployment-3954615459-4zp22 当前运行在名称为 192.168.1.122 的节点上，所以我们登录到 192.168.1.122，然后使用前面介绍的容器管理命令 docker ps，拉查看当前节点的容器列表，如下所示：

```
[root@localhost ~]# docker ps
CONTAINER ID    IMAGE       COMMAND             CREATED         STATUS
 PORTS     NAMES
  …
 df381a4ea070  nginx:1.7.9  "nginx -g 'daemon ..."  About an hour ago   Up About
an hour     k8s_nginx-deployment.a8dee3c8_nginx-deployment-3954615459-4zp22
_default_0271d1ca-4dbf-11e9-867a-000c2994a2b7_20f4bc78
 fb16d8356f3c   registry.access.redhat.com/rhel7/pod-infrastructure:latest
"/usr/bin/pod"  About an hour ago   Up About an hour
k8s_POD.ae8ee9ac_nginx-deployment-3954615459-4zp22_default_0271d1ca-4dbf-11e9-
867a-000c2994a2b7_5927077c
  …
```

可以看到，在 192.168.1.122 节点上面有 2 个容器，这 2 个容器都是由 nginx-deployment 创建的。还记得我们前面介绍的 Pod 的结构吗？在每个 Pod 中，都存在着一个名称为 Pause 的根容器，这个根容器是 Kubernetes 系统的一部分。在上面的容器列表中，ID 为 df381a4ea070 的是用户容器，而 ID 为 fb16d8356f3c 即为当前 Pod 的根容器。

用户可以通过 docker inspect 命令查看容器的详细信息，如下所示：

```
[root@localhost ~]# docker inspect df381a4ea070
[
    {
        "Id": "df381a4ea070522af06d897d0c49a253def23ac7264a8b5bc3b50fbe67e86b6a",
        "Created": "2019-03-24T09:02:43.579970795Z",
        "Path": "nginx",
        "Args": [
            "-g",
            "daemon off;"
        ],
        "State": {
            "Status": "running",
            "Running": true,
            "Paused": false,
            "Restarting": false,
            "OOMKilled": false,
            "Dead": false,
            "Pid": 13830,
            "ExitCode": 0,
            "Error": "",
            "StartedAt": "2019-03-24T09:02:43.808003Z",
            "FinishedAt": "0001-01-01T00:00:00Z"
        },
        "Image": "sha256:84581e99d807a703c9c03bd1a31cd9621815155ac72a7365fd02311264512656",
        "ResolvConfPath": "/var/lib/docker/containers/fb16d8356f3c7e2f630e9f7349791369cbbbfd813a77072e6ac1c3780f2ac710/resolv.conf",
        "HostnamePath": "/var/lib/docker/containers/fb16d8356f3c7e2f630e9f7349791369cbbbfd813a77072e6ac1c3780f2ac710/hostname",
        "HostsPath": "/var/lib/kubelet/pods/0271d1ca-4dbf-11e9-867a-000c2994a2b7/etc-hosts",
        "LogPath": "",
        "Name": "/k8s_nginx-deployment.a8dee3c8_nginx-deployment-3954615459-4zp22_default_0271d1ca-4dbf-11e9-867a-000c2994a2b7_20f4bc78",
        "RestartCount": 0,
        "Driver": "overlay2",
        "MountLabel": "",
        "ProcessLabel": "",
        "AppArmorProfile": "",
```

```
    "ExecIDs": null,
    "HostConfig": {
        "Binds": [
            …
```

由于这部分内容前面已经详细介绍过,不再重复阐述。

到此为止,我们已经成功地运行了一个 Deployment。总结前面的内容,我们可以发现创建 Deployment 的大致流程。首先,用户通过 kubectl run deployment 命令创建一个 Deployment。接下来 Deployment 会自动根据用户指定的选项,主要是 image 以及 replicas 等创建 ReplicaSet,最后由 ReplicaSet 创建 Pod 副本和容器。所以,整个流程如图 7-1 所示。

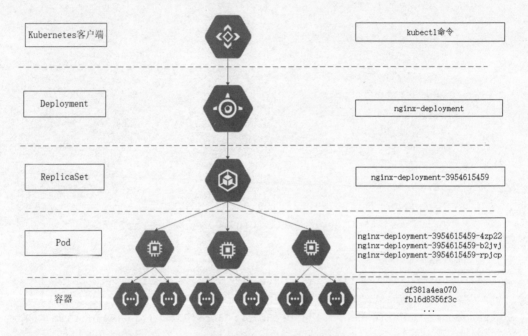

图 7-1 Deployment 创建过程

最后,读者可能会问,我们刚才创建的应用能够提供服务吗?下面我们可以通过简单的方法来进行验证。刚才我们部署的是一套 Nginx 应用。Nginx 是用来提供各种网络服务的,例如 HTTP 网页服务、反向代理或者网络加速等。下面我们可以通过 curl 命令来简单测试一下 Nginx 是否运行正常。默认情况下,Nginx 的服务端口为 80,通过 HTTP 访问。我们在任意节点上执行以下命令:

```
[root@localhost ~]# curl http://172.17.0.3:80
<!DOCTYPE html>
<html>
<head>
<title>Welcome to nginx!</title>
<style>
    body {
```

```
            width: 35em;
            margin: 0 auto;
            font-family: Tahoma, Verdana, Arial, sans-serif;
    }
</style>
</head>
<body>
<h1>Welcome to nginx!</h1>
<p>If you see this page, the nginx web server is successfully installed and
working. Further configuration is required.</p>

<p>For online documentation and support please refer to
<a href="http://nginx.org/">nginx.org</a>.<br/>
Commercial support is available at
<a href="http://nginx.com/">nginx.com</a>.</p>

<p><em>Thank you for using nginx.</em></p>
</body>
</html>
```

curl 命令是一个功能强大的文件传输工具，它支持文件的上传和下载。172.17.0.3 为节点 192.168.1.122 上 Pod 的 IP 地址。可以发现，Nginx 已经可以返回默认欢迎页面的内容。这表示我们的部署是成功的。

7.1.4　使用配置文件

在前面的例子中，我们直接通过 kubectl 命令创建了一个 Nginx 的 Deployment。可以发现，在使用 kubectl 命令创建资源时，需要提供较多的选项来限制资源的各种属性。实际上，Kubernetes 支持两种方式来定义资源属性，其中一种就是直接在命令行中通过对应的选项来指定，例如前面的--image=nginx:1.7.3 和--relicas=3 分别用来指定镜像文件和副本数。还有一种方式就是通过配置文件。Kubernetes 支持多种类型的配置文件，常见的有 YAML 和 JSON。

YAML 是一个可读性高，用来表达数据序列的编程语言。YAML 参考了其他多种语言，包括 XML、C 语言、Python、Perl 以及电子邮件格式 RFC2822。YAML 强调这种语言以数据为中心，而不是以标记语言为重点。

YAML 文件的后缀可以使用.yml，也可以使用.yaml，官方推荐使用.yaml。Kubernetes 中所有的资源或者配置文件都可以用 YAML 或 JSON 来定义。YAML 是 JSON 的超集，任何有效的 JSON 文件也都是一个有效的 YAML 文件。

YAML 文件具有以下语法规范：

- 区分英文字母大小写。
- 使用缩进表示层级关系。
- 缩进时不允许使用制表符，只允许使用空格。

- 缩进的空格数目不重要，只要相同层级的元素左侧对齐即可。
- #表示注释，从这个字符一直到行尾，都会被解析器忽略。

YAML 有两种比较重要的数据结构，分别为 Map（映射）和 List（列表），用户只要掌握好这两种数据结构就可以了。

首先介绍一下 Map（映射）。跟其他的程序设计语言一样，Map 类型的数据结构通常就是一个"键-值对"（Key-Value Pair）。用户可以非常方便地通过键去引用和修改其对应的值。例如，下面的代码为一个 YAML 的部分内容：

```
apiVersion: v1
kind: Pod
```

在上面的代码中，apiVersion 为键，v1 为其对应的值，表示 Kubernetes 的 API 的版本。kind 同样为键，Pod 为值，表示资源类型为 Pod。当然，用户可以将其转换为具有相同含义的 JSON 格式，如下所示：

```
{
  "apiVersion": "v1",
  "kind": "Pod"
}
```

当然，Map 中的值可以是复杂类型，例如，可以是另外一个 Map 类型的数据结构，如下所示：

```
apiVersion: v1
kind: Pod
metadata:
 name: rss-site
 labels:
   app: web
```

在上面的代码中，键 metadata 的值为一个拥有 2 个键的 Map。上面的代码可以转换为以下 JSON 代码：

```
{
 "apiVersion": "v1",
 "kind": "Pod",
 "metadata": {
         "name": "rss-site",
         "labels": {
                 "app": "web"
                }
        }
}
```

除了 Map 之外，在表示资源属性时还需要用到一些并列的数据结构，在这种情况下，需要使用 YAML 的 List（列表）。例如，下面的代码就是一个典型的 List 结构：

```
args
  - sleep
  - "1000"
  - message
  - "Bring back Firefly!"
```

正如我们看到的那样，List 中列表项的定义以破折号开头，并且与父元素之间存在缩进关系。在 JSON 格式中，它表示如下格式：

```
{
  "args": ["sleep", "1000", "message", "Bring back Firefly!"]
}
```

当然，Map 的键值可以是 List 结构，List 的列表项也可以是 Map 结构，如下所示：

```
apiVersion: v1
kind: Pod
metadata:
  name: rss-site
  labels:
    app: web
spec:
  containers:
    - name: front-end
      image: nginx
      ports:
        - containerPort: 80
    - name: rss-reader
      image: nickchase/rss-php-nginx:v1
      ports:
        - containerPort: 88
…
```

以上 YAML 的代码转换为 JSON 后的结构如下：

```
{
  "apiVersion": "v1",
  "kind": "Pod",
  "metadata": {
            "name": "rss-site",
            "labels": {
                    "app": "web"
                }
        },
```

```
        "spec": {
            "containers": [{
                    "name": "front-end",
                    "image": "nginx",
                    "ports": [{
                            "containerPort": "80"
                        }]
                },
                {
                    "name": "rss-reader",
                    "image": "nickchase/rss-php-nginx:v1",
                    "ports": [{
                            "containerPort": "88"
                        }]
                }]
        }
}
```

在了解了 YAML 的基本语法之后,下面介绍一下 Deployment 的 YAML 的常见格式,如下所示:

```
01 apiVersion: extensions/v1beta1
02 kind: Deployment
03 metadata:
04   name: nginx-deployment-new
05 spec:
06   replicas: 3
07   template:
08     metadata:
09       labels:
10         app: nginx
11         track: stable
12     spec:
13       containers:
14         - name: nginx
15           image: nginx:1.7.9
16           ports:
17             - containerPort: 80
```

第 1 行的 apiVersion 表示当前配置文件格式的版本号。第 2 行 kind 指定当前的资源类型为 Deployment。第 3 行 metadata 用来定义 Deployment 本身的属性,其中 name 表示 Deployment 的名称。第 5 行的 spec 用来定义 Deployment 的规格。用户需要正确区分 metadata 和 spec,前者表示 Deployment 本身固有的属性,后者表示 Deployment 内容的各项属性。第 6 行的 replicas 表示 Pod 的副本数。从第 7 行开始定义 Pod 的模板的各项属性,其中第 10 行定义 Pod 的标签,第 12 行开始定义 Pod 中容器的各项属性，其中 name 为容器名称，image 为容器镜像文件，这 2 个属性是必需的。

将以上代码保存为 nginx-deployment.yaml，然后通过以下命令创建 Deployment：

```
[root@localhost ~]# kubectl apply -f nginx-deployment.yaml
deployment "nginx-deployment-new" created
```

执行完成之后，用户就可以查看 nginx-deployment-new 所创建的各种资源，如下所示：

```
[root@localhost ~]# kubectl get deployments
NAME                    DESIRED    CURRENT    UP-TO-DATE   AVAILABLE    AGE
nginx-deployment        3          3          3            3            13h
nginx-deployment-new    3          3          3            3            5m
[root@localhost ~]# kubectl get replicaset
NAME                           DESIRED    CURRENT    READY        AGE
nginx-deployment-3954615459    3          3          3            13h
nginx-deployment-new-94093859  3          3          3            5m
[root@localhost ~]# kubectl get pods
NAME                                      READY    STATUS    RESTARTS    AGE
nginx-deployment-3954615459-4zp22         1/1      Running   1           13h
nginx-deployment-3954615459-b2jvj         1/1      Running   1           13h
nginx-deployment-3954615459-rpjcp         1/1      Running   1           13h
nginx-deployment-new-94093859-395sf       1/1      Running   0           5m
nginx-deployment-new-94093859-d6wrx       1/1      Running   0           5m
nginx-deployment-new-94093859-qnzbb       1/1      Running   0           5m
```

可以发现，使用命令行参数和配置文件都可以帮助用户创建各种资源。命令行参数使用起来非常便捷，用户不需要花费时间去编辑 YAML 文件。而使用 YAML 配置文件也有着明显的优势。

（1）配置文件非常详细地描述了我们想要创建的资源以及最终要达到的状态。
（2）配置文件提供了创建资源的模板，可以重复利用。
（3）由于配置文件可以长久地存储在磁盘上面，因此用户可以像管理代码一样管理部署。
（4）配置文件非常适合于正式的、跨环境的以及大规模的部署。

因此，用户应该尽可能地使用配置文件来创建各类资源。

7.1.5 扩容和缩容

扩容和缩容是指在线增加或者减少 Pod 的副本数量。在前面的例子中，我们指定了 3 个 Nginx 副本，如下所示：

```
[root@localhost ~]# kubectl get pods -o wide
  NAME                                          READY   STATUS    RESTARTS   AGE   IP
NODE
  nginx-deployment-new-94093859-395sf   1/1     Running   0          1h    172.17.0.5
127.0.0.1
  nginx-deployment-new-94093859-d6wrx   1/1     Running   0          1h    172.17.0.6
192.168.1.122
  nginx-deployment-new-94093859-qnzbb   1/1     Running   0          1h    172.17.0.4
192.168.1.122
```

这 3 个副本中，有 1 个副本运行在节点 127.0.0.1 上，2 个副本运行在节点 192.168.1.122 上。下面我们修改 nginx-deployment.yaml 配置文件，增加一个副本：

```
01 apiVersion: extensions/v1beta1
02 kind: Deployment
03 metadata:
04   name: nginx-deployment-new
05 spec:
06   replicas: 4
07   template:
08     metadata:
09       labels:
10         app: nginx
11         track: stable
12     spec:
13       containers:
14       - name: nginx
15         image: nginx:1.7.9
16         ports:
17         - containerPort: 80
```

然后执行以下命令更新 Deployment：

```
[root@localhost ~]# kubectl apply -f nginx-deployment.yaml
deployment "nginx-deployment-new" configured
[root@localhost ~]# kubectl get deployments
NAME                   DESIRED    CURRENT    UP-TO-DATE   AVAILABLE   AGE
…
nginx-deployment-new      4          4           4            4        33m
```

从上面的命令可知，当前 Deployment 的预期副本数已经变成 4，当前可用的副本数也为 4。

为了验证详细的 Pod 副本数量，用户可以使用 kubectl describe pods 命令，如下所示：

```
[root@localhost ~]# kubectl get pods -o wide
    NAME                                    RE  STATUS     RE  AGE  IP
NODE
    nginx-deployment-new-94093859-395sf     1/1 Running    0   1h   172.17.0.5
127.0.0.1
    nginx-deployment-new-94093859-72030     1/1 Running    0   9s   172.17.0.7
127.0.0.1
    nginx-deployment-new-94093859-d6wrx     1/1 Running    0   1h   172.17.0.6
192.168.1.122
    nginx-deployment-new-94093859-qnzbb     1/1 Running    0   1h   172.17.0.4
192.168.1.122
```

从上面的输出结果可知，当前的 Deployment 有 4 个副本，其中节点 127.0.0.1 和节点 192.168.1.122 上各有 2 个。这意味着 Kubernetes 根据修改后的配置文件，新增了一个副本，并且将其调度在节点 127.0.0.1 上运行。

Deployment 的扩容也可以通过命令行快速完成，这需要使用 kubectl scale 命令，在该命令中指定需要扩展到的副本数，如下所示：

```
[root@localhost ~]# kubectl scale deployment nginx-deployment-new --replicas=5
deployment "nginx-deployment-new" scaled
```

上面的命令将副本数扩大到 5，执行完成后查看 Pod 信息，如下所示：

```
[root@localhost ~]# kubectl get pods -o wide
    NAME                                    RE  STA        RES AGE  IP
NODE
    nginx-deployment-new-94093859-395sf 1/1 Running    0   1h   172.17.0.5
127.0.0.1
    nginx-deployment-new-94093859-72030 1/1 Running    0   20m  172.17.0.6
127.0.0.1
    nginx-deployment-new-94093859-d6wrx 1/1 Running    0   1h   172.17.0.5
192.168.1.122
    nginx-deployment-new-94093859-qnzbb 1/1 Running    0   1h   172.17.0.4
192.168.1.122
    nginx-deployment-new-94093859-v3fq4 1/1 Running    0   9s   172.17.0.6
192.168.1.122
```

从执行结果可知，Pod 副本数已经变成了 5 个。

Deployment 的缩容操作与扩容相反。为了减少副本数量，用户需要修改 nginx-deployment.yaml 配置文件，将其中的 replicas 修改为 3，然后执行 kubectl apply 命令，即可完成缩容的操作，如下所示：

```
[root@localhost ~]# kubectl apply -f nginx-deployment2.yaml
```

```
deployment "nginx-deployment-new" configured
```

执行完成之后，通过 kubectl get pods 命令来查看执行结果，如下所示：

```
[root@localhost ~]# kubectl get pods -o wide
NAME                                      RE    ST        RES AGE IP
NODE
   nginx-deployment-new-94093859-395sf 1/1   Running 0   1h  172.17.0.5
127.0.0.1
   nginx-deployment-new-94093859-d6wrx 1/1   Running 0   1h  172.17.0.5
192.168.1.122
   nginx-deployment-new-94093859-qnzbb 1/1   Running 0   1h  172.17.0.4
192.168.1.122
```

可以看到有 2 个副本已经被删除，只保留了 3 个副本。

同样的操作也可以使用命令行完成，如下所示：

```
[root@localhost ~]# kubectl scale deployment nginx-deployment-new --replicas=3
deployment "nginx-deployment-new" scaled
```

读者可以自行验证，不再赘述。

用户可以将 Pod 副本数缩容为 0，但是在这种情况下 Deployment 本身不会被删除，只是可用副本数将会变成 0。

7.1.6　故障转移

Kubernetes 支持故障转移，保证集群中的各项服务的可用性。在 Kubernetes 中，Node 节点可动态增加到 Kubernetes 集群中，前提是这个节点已经正确安装、配置和启动 kubelet 和 kube-proxy 等关键进程，在默认情况下，kubelet 会向 Master 节点注册自己，这也是 Kubernetes 推荐的 Node 节点管理方式。一旦 Node 节点被纳入集群管理范围，kubelet 会定时向 Master 节点汇报自身的情况，以及之前有哪些 Pod 在运行等，这样 Master 节点可以获知每个 Node 节点的资源使用情况，并实现高效均衡的资源调度策略。如果 Node 节点没有按时上报信息，就会被 Master 节点判断为失联，Node 节点状态会被标记为 NotReady（未就绪），随后 Master 节点会触发工作负载转移流程。

下面的内容模拟一次 Node 节点故障。首先确认 nginx-deployment-new 所创建的 Pod 有 4 个副本，其中 2 个副本运行在节点 127.0.0.1 上，2 个副本运行在节点 192.168.1.122 上，如下所示：

```
[root@localhost ~]# kubectl get pods -o wide
NAME                                       RE   ST       RES AGE IP
NODE
nginx-deployment-new-94093859-0qgkd       1/1  Running  0   7s  172.17.0.5
```

```
127.0.0.1
   nginx-deployment-new-94093859-6d40m        1/1 Running    0    7s   172.17.0.4
192.168.1.122
   nginx-deployment-new-94093859-kt7cf        1/1 Running    0    7s   172.17.0.5
192.168.1.122
   nginx-deployment-new-94093859-xs3rs        1/1 Running    0    7s   172.17.0.6
127.0.0.1
```

然后将节点 192.168.1.122 关闭，过一会儿，Master 节点会把节点 192.168.1.122 标记为 NotReady（未就绪），如下所示：

```
[root@localhost ~]# kubectl get nodes
NAME                STATUS       AGE
127.0.0.1           Ready        1d
192.168.1.122       NotReady     16h
```

再等待一会，Master 节点会将原来运行在节点 192.168.1.122 上的 2 个副本标记为 Unknown（未知）状态，然后在节点 127.0.0.1 上新创建 2 个副本，如下所示：

```
[root@localhost ~]# kubectl get pods -o wide
NAME                                           RE   ST         RES  AGE  IP
NODE
   nginx-deployment-new-94093859-0qgkd 1/1 Running      0    14m  172.17.0.5
127.0.0.1
   nginx-deployment-new-94093859-6d40m 1/1 Unknown      0    14m  172.17.0.4
192.168.1.122
   nginx-deployment-new-94093859-9hxcn 1/1 Running      0    3m   172.17.0.9
127.0.0.1
   nginx-deployment-new-94093859-cldc0 1/1 Running      0    3m   172.17.0.10
127.0.0.1
   nginx-deployment-new-94093859-kt7cf 1/1 Unknown      0    14m  172.17.0.5
192.168.1.122
   nginx-deployment-new-94093859-xs3rs 1/1 Running      0    14m  172.17.0.6
127.0.0.1
```

即使节点 192.168.1.122 重新恢复正常，Master 节点也不会把 Pod 重新调度回该节点。

如果单个 Pod 副本出现故障，Kubernetes 会自动创建一个新的副本，以达到预期的副本数。例如，我们使用 kubectl delete pod 命令将其中的一个副本删除，如下所示：

```
[root@localhost ~]# kubectl delete pod nginx-deployment-new-94093859-xs3rs
pod "nginx-deployment-new-94093859-xs3rs" deleted
```

稍等片刻，Kubernetes 会自动创建一个新的副本，并且调度到另外的节点上，如下所示：

```
[root@localhost ~]# kubectl get pods -o wide
NAME                                           RE   ST         RES  AGE  IP
```

```
NODE
    nginx-deployment-new-94093859-0qgkd 1/1 Running     0    24m 172.17.0.5
127.0.0.1
    nginx-deployment-new-94093859-9hxcn 1/1 Running     0    13m 172.17.0.9
127.0.0.1
    nginx-deployment-new-94093859-cldc0 1/1 Running     0    13m 172.17.0.10
127.0.0.1
    nginx-deployment-new-94093859-nsc84 1/1 Running     0    9s  172.17.0.2
192.168.1.122
```

7.1.7 通过标签控制 Pod 的位置

在默认情况下，Kubernetes 会将 Pod 调度到所有可用的 Node 节点上，以达到负载平衡的目的。但是，在某些情况下，用户可能需要将一些特定功能的 Pod 部署在指定的 Node 节点上。例如，某些运行数据库的 Pod 需要运行在内存大的 Node 节点上，而某些执行存储功能的 Pod 需要运行在磁盘 I/O 快的 Node 节点上。

在 Kubernetes 中，可以通过标签功能来标记各种资源，不只是节点，其他的资源例如 Deployment、ReplicaSet 等都可以通过标签来标记。

所谓标签，实际上就是一些"键-值对"（Key-Value Pair），在 Kubernetes 中，用户可以自由地定义自己的标签。

Kubernetes 通过 kubectl label node 命令来设置节点的标签，例如，下面的命令为节点 192.168.1.122 设置一个名称为 mem 的标签：

```
[root@localhost ~]# kubectl label node 192.168.1.122 mem=large
node "192.168.1.122" labeled
```

通过上面的命令，标签已经被成功地添加到了节点上。用户可以通过 --show-labels 选项将节点的标签显示出来，如下所示：

```
[root@localhost ~]# kubectl get node --show-labels
  NAME            STATUS    AGE      LABELS
  127.0.0.1       Ready     1d
beta.kubernetes.io/arch=amd64,beta.kubernetes.io/os=linux,kubernetes.io/hostna
me=127.0.0.1
  192.168.1.122   Ready     17h
beta.kubernetes.io/arch=amd64,beta.kubernetes.io/os=linux,kubernetes.io/hostna
me=192.168.1.122,mem=large
```

通过上面的输出结果可知，实际上 Kubernetes 已经自己维护了一些系统内部使用的标签，例如 beta.kubernetes.io/arch、beta.kubernetes.io/os 以及 kubernetes.io/hostname 等。

有了标签，我们就可以将 Pod 指定到特定的节点上了。Kubernetes 通过资源配置文件的 nodeSelector 属性来对节点进行选择。修改前面创建的 Deployment 配置文件，在 spec 属性中增加 nodeSelector 属性，如下所示：

```
apiVersion: extensions/v1beta1
kind: Deployment
metadata:
  name: nginx-deployment-new
spec:
  replicas: 3
  template:
    metadata:
      labels:
        app: nginx
        track: stable
    spec:
      containers:
        - name: nginx
          image: nginx:1.7.9
          ports:
            - containerPort: 80
      nodeSelector:
        mem: large
```

执行 kubectl apply 命令重新创建 Deployment，如下所示：

```
[root@localhost ~]# kubectl apply -f nginx-deployment.yaml
deployment "nginx-deployment-new" created
```

然后通过 kubectl get pods 命令查看 Pod 在节点上的调度情况：

```
[root@localhost ~]# kubectl get pods -o wide
NAME                                          RE  ST       RES AGE IP
NODE
   nginx-deployment-new-3048195552-3c7 1/1 Running 0    19s 172.17.0.4
192.168.1.122
   nginx-deployment-new-3048195552-lt4 1/1 Running 0    19s 172.17.0.3
192.168.1.122
   nginx-deployment-new-3048195552-nnt 1/1 Running  0   19s 172.17.0.2
192.168.1.122
```

从执行结果可知，现在所有的 Pod 都被调度到节点 192.168.1.122 上。

如果想要删除某个特定的标签，可以使用以下命令：

```
[root@localhost ~]# kubectl label node 192.168.1.122 mem-
node "192.168.1.122" labeled
```

在上面的命令中，mem-中的 mem 为标签的键，后面的减号表示将该标签删除。执行完成之后，再次查看节点的标签，就会发现标签已经被删除了，如下所示：

```
[root@localhost ~]# kubectl get node --show-labels
```

```
NAME              STATUS    AGE     LABELS
127.0.0.1         Ready     1d
beta.kubernetes.io/arch=amd64,beta.kubernetes.io/os=linux,kubernetes.io/hostna
me=127.0.0.1
192.168.1.122     Ready     17h
beta.kubernetes.io/arch=amd64,beta.kubernetes.io/os=linux,kubernetes.io/hostna
me=192.168.1.122
```

标签被删除后，Kubernetes 并不会立即重新调度 Pod 到其他节点上，除非用户通过 kubectl apply 命令重新部署：

```
[root@localhost ~]# kubectl apply -f nginx-deployment.yaml
```

除了可以在配置文件中通过 nodeSelector 属性指定节点之外，用户在命令行中也可以通过 -l 或者 --labels= 这两个选项指定节点的标签。例如，下面的命令也可以将 Pod 部署到含有标签 mem=large 的节点上：

```
[root@localhost ~]# kubectl run nginx-deployment --image=nginx:1.7.9
--replicas=3 --labels='mem=large'
```

7.1.8 删除 Deployment

对于已经不再使用的 Deployment，用户可将其从系统中删除。删除 Deployment 需要使用 kubectl delete deployment 命令。该命令的使用方法比较简单，直接将 Deployment 名称作为参数传递给它就可以了，如下所示：

```
[root@localhost ~]# kubectl delete deployment nginx-deployment-new
deployment "nginx-deployment-new" deleted
```

当 Deployment 被删除之后，由该 Deployment 所创建的所有的 ReplicaSet 和 Pod 都会被自动删除。

7.1.9 DaemonSet

在前面的例子中，我们已经得知，通过 Deployment 创建的 Pod 副本会分布在各个节点上，每个节点上都有可能运行好几个副本。而 DaemonSet 则不同，通过它创建的 Pod 只会运行在同一个节点上，并且最多只会有一个副本。

DaemonSet 通常用来创建一些系统性的 Pod，例如提供日志管理、存储或者域名服务等。实际上，Kubernetes 本身就有一些 DaemonSet，这些 DaemonSet 都位于 kube-system 命名空间中。例如 kube-proxy、kube-flannel-ds 等都是由 DaemonSet 创建的。

除了系统自身的 DaemonSet 之外，用户也可以自定义 DaemonSet。下面以一个简单的例子来说明如何运行自己的 DaemonSet。

Prometheus 的 Node Exporter 是一个非常有名的开源的服务器监控系统。用户可以在 Kubernetes 集群中创建一个 Node Exporter 的 DaemonSet，用来监控各个容器的情况。

为了创建 DaemonSet，用户需要创建一个 YAML 配置文件，其名称为 node-exporter-daemonset.yml，内容如下：

```yaml
01  apiVersion: extensions/v1beta1
02  kind: DaemonSet
03  metadata:
04    name: node-exporter
05    namespace: monitoring
06    labels:
07      name: node-exporter
08  spec:
09    template:
10      metadata:
11        labels:
12          name: node-exporter
13        annotations:
14          prometheus.io/scrape: "true"
15          prometheus.io/port: "9100"
16      spec:
17        hostPID: true
18        hostIPC: true
19        hostNetwork: true
20        containers:
21        - ports:
22            - containerPort: 9100
23              protocol: TCP
24          resources:
25            requests:
26              cpu: 0.15
27          securityContext:
28            privileged: true
29          image: prom/node-exporter:v0.15.2
30          args:
31          - --path.procfs
32          - /host/proc
33          - --path.sysfs
34          - /host/sys
35          - --collector.filesystem.ignored-mount-points
36          - '"^/(sys|proc|dev|host|etc)($|/)"'
37          name: node-exporter
38          volumeMounts:
39          - name: dev
40            mountPath: /host/dev
```

```
41          - name: proc
42            mountPath: /host/proc
43          - name: sys
44            mountPath: /host/sys
45          - name: rootfs
46            mountPath: /rootfs
47        volumes:
48         - name: proc
49           hostPath:
50             path: /proc
51         - name: dev
52           hostPath:
53             path: /dev
54         - name: sys
55           hostPath:
56             path: /sys
57         - name: rootfs
58           hostPath:
59             path: /
```

在上面的配置文件中，第 2 行指定资源类型为 DaemonSet。第 5 行指定命名空间为 monitoring。第 19 行指定容器的网络模式为主机网络。第 29 行指定容器镜像为 prom/node-exporter:v0.15.2。第 32 行通过 Volume 将宿主机的/proc、/sys 以及/等路径映射到容器中。

由于命名空间 monitoring 在当前集群中并不存在，因此用户需要首先创建该命名空间，命令如下：

```
[root@localhost ~]# kubectl create namespace monitoring
```

创建完成之后，就可以创建 DaemonSet 了，如下所示：

```
[root@localhost ~]# kubectl create -f node-exporter-daemonset.yml
```

最后，用户可以通过 kubectl get pods 命令来查看 Pod 状态，如下所示：

```
[root@localhost ~]# kubectl get pods --namespace=monitoring -o wide
NAME                    RE   ST        RES  AGE    IP              NODE
node-exporter-74c42     1/1  Running   0    7m     192.168.1.122   192.168.1.122
node-exporter-gjhfh     1/1  Running   0    7m     127.0.0.1       127.0.0.1
```

从上面的输出结果可知，在每个节点上都有一个副本在运行。

7.2 Job

在 7.1 节中，我们详细介绍了 Deployment 和 DaemonSet。在 Kubernetes 中，除了这 2 个重要的运行应用的途径之外，还有 Job。Job 在 Kubernetes 中的作用也是非常明显的，本节将详细介绍 Job 的使用方法。

7.2.1 什么是 Job

对于 Deployment、ReplicaSet 以及 Replication Controller 等类型的控制器而言，它希望 Pod 保持预期的数量、持久运行下去，除非用户明确删除，否则这些对象一直存在，它们针对的是持久性任务，如 Web 服务等。对于非持久性任务，比如归档文件，任务完成后，Pod 需要结束运行，不需要 Pod 继续保持在系统中，这个时候就需要用到 Job。因此，我们可以说 Job 是对 ReplicaSet、Replication Controller 等持久性控制器的补充。

Job 的配置文件的语法与前面介绍的 Deployment 的基本语法大致相同。例如，下面的代码定义了一个 Job，该 Job 的功能是实现倒计时，其代码如下：

```
apiVersion: batch/v1
kind: Job
metadata:
  name: job-counter
spec:
  template:
    metadata:
      name: job-counter
    spec:
      restartPolicy: Never
      containers:
      - name: counter
        image: busybox
        command:
        - "bin/sh"
        - "-c"
        - "for i in 9 8 7 6 5 4 3 2 1; do echo $i; done"
```

在上面的代码中，kind 的值为 Job，表示当前创建的是一个 Job 类型的资源。restartPolicy 用来指定在什么情况下需要重启容器，在本例中的值为 Never（永不）。image 指定镜像为 busybox。BusyBox 是一个集成了 100 多个最常用 Linux 命令和工具的软件工具箱，它在一个可执行文件中提供了精简的 Unix 工具集。BusyBox 可运行于多款 POSIX 环境的操作系统中，如 Linux（包括 Android）、Hurd、FreeBSD 等。BusyBox 既包含了一些简单实用的工具，如 cat 和 echo，也包含了一些更大、更复杂的工具，如 grep、find、mount 以及 telnet，可以说 BusyBox

是 Linux 系统的"瑞士军刀"。

Job 的 restartPolicy 仅支持 Never（永不）和 OnFailure（失败）两种，不支持 Always（总是），这是因为 Job 就相当于执行一个批处理任务，任务执行完就结束了。

将上面的代码保存为 job-counter.yaml，然后执行以下命令启动该 Job：

```
[root@localhost ~]# kubectl apply -f job-counter.yaml
```

然后通过 kubectl get jobs 命令来查看 Job 的状态，如下所示：

```
[root@localhost ~]# kubectl get jobs
NAME            DESIRED      SUCCESSFUL       AGE
job-counter     1            1                25m
```

从上面命令的输出可知，job-counter 的预期值和成功值都是 1，这表示我们刚才已经成功执行了一个 Pod。

接下来使用 kubectl get pods 命令来查看 Pod 的状态，由于刚才启动的 Pod 已经退出运行，因此需要使用 --show-all 选项，如下所示：

```
[root@localhost ~]# kubectl get pods --show-all
NAME                         READY    STATUS       RESTARTS    AGE
job-counter-6jkrf            0/1      Completed    0           26m
nginx-controller-8tw75       1/1      Running      0           5h
nginx-controller-t25nd       1/1      Running      0           5h
```

在上面的列表中，第 1 行中名称为 job-counter-6jkrf 的 Pod 正是刚刚执行完成的 Job 的 Pod。可以得知，该 Pod 的状态为 Completed（完成），表示 Pod 已经执行完毕。

上面 Pod 的输出信息保存在日志中，用户可以通过 kubectl logs 命令来查看，如下所示：

```
[root@localhost ~]# kubectl logs job-counter-6jkrf
9
8
7
6
5
4
3
2
1
[root@localhost ~]#
```

这个 Job 已经按照我们的预期，输出了从 9~1 的倒计时数字序列。

7.2.2　Job 失败处理

作为一种任务计划,总有在执行过程中遇到某些意外的时候。为了能够及时处理这种意外,用户需要及时掌握 Job 的执行情况。

为了演示 Job 执行失败的情况,我们修改 job-counter.yaml 配置文件,将其中的 command 的值修改为一个错误的命令,如下所示:

```
apiVersion: batch/v1
kind: Job
metadata:
  name: job-counter
spec:
  template:
    metadata:
      name: job-counter
    spec:
      restartPolicy: Never
      containers:
      - name: counter
        image: busybox
        command: ["bad command"]
```

然后删除前面创建的 Job:

```
[root@localhost ~]# kubectl delete job job-counter
job "job-counter" deleted
```

接下来创建新的 Job:

```
[root@localhost ~]# kubectl apply -f job-counter.yaml
job "job-counter" created
```

执行完成之后,通过 kubectl get jobs 命令来查看 Job 的信息:

```
[root@localhost ~]# kubectl get jobs
NAME              DESIRED      SUCCESSFUL      AGE
job-counter       1            0               1m
```

从上面的输出结果可知,预期的副本数为 1,而成功的副本数为 0。

如果使用 kubectl get pods 命令来查看 Pod 的状态,其结果如下:

```
[root@localhost ~]# kubectl get pods --show-all
NAME                  READY   STATUS              RESTARTS   AGE
job-counter-0ds5m     0/1     ContainerCannotRun  0          2m
job-counter-3b4x5     0/1     ImagePullBackOff    0          1m
job-counter-6gpgd     0/1     ContainerCannotRun  0          2m
job-counter-7xmkx     0/1     ContainerCannotRun  0          1m
```

```
job-counter-dks22      0/1    ContainerCannotRun    0    2m
job-counter-fq7cf      0/1    ContainerCannotRun    0    3m
job-counter-fz83p      0/1    ContainerCannotRun    0    2m
job-counter-g7749      0/1    ContainerCannotRun    0    1m
job-counter-h0gmp      0/1    ContainerCannotRun    0    3m
job-counter-hqw80      0/1    ContainerCannotRun    0    1m
job-counter-nggwv      0/1    ContainerCannotRun    0    3m
job-counter-q360q      0/1    ContainerCannotRun    0    3m
job-counter-rs2bs      0/1    ContainerCannotRun    0    2m
job-counter-s5qsj      0/1    ContainerCannotRun    0    1m
job-counter-skk9t      0/1    ContainerCannotRun    0    1m
job-counter-tcdp0      0/1    ContainerCannotRun    0    1m
job-counter-w5bgc      0/1    ContainerCannotRun    0    2m
```

可以发现，上面的输出结果中存在着多个状态为 ContainerCannotRun 的 Pod。从 Pod 名称的前缀可知，这些 Pod 都是由前面的 Job 所创建的。此时，如果使用 kubectl describe pod 命令随便查看一个 Pod 的信息，就会发现以下错误信息：

```
14m        14m         1       {kubelet 127.0.0.1}
spec.containers{counter}      Warning       Failed         Failed to
start container with docker id 457639ebae4e with error: Error response from daemon:
{"message":"oci runtime error: container_linux.go:247: starting container process
caused \"exec: \\\"bad command\\\": executable file not found in $PATH\"\n"}
```

上面的错误日志表明，由于我们在配置文件中指定的命令没有被找到，从而导致 Job 运行失败。

读者可能会问，为什么会出现那么多的 Pod 呢？其原因在于，尽管我们在配置文件中将 restartPolicy 的值指定为 Never，这样在 Job 启动失败之后，容器不会被重新启动。但是，由于预期 Pod 的副本数为 1，而目前的副本数却一直是 0，达不到预期的数量。此时，Job 会不停地创建新的 Pod，一直到达到成功的副本数为 1 为止。

为了终止这种情况，我们需要删除该 Job，命令如下：

```
[root@localhost ~]# kubectl delete -f job-counter.yaml
```

7.2.3　Job 的并行执行

在某些情况下，用户可能需要同时运行多个 Job 副本，以提高工作效率。此时，就涉及某个 Job 的多个副本并行执行。

Job 的并行执行需要使用 parallelism 属性，该属性为数值型，在默认情况下，该属性的值为 1，表示只有一个副本在执行。如果需要多个副本同时执行，就需要修改该属性的值。

我们将 7.2.1 节中 Job 的配置文件进行修改，增加 parallelism 属性，将它的值设置为 3，如下所示：

```
apiVersion: batch/v1
```

```yaml
kind: Job
metadata:
  name: job-counter
spec:
  parallelism: 3
  template:
    metadata:
      name: job-counter
    spec:
      restartPolicy: Never
      containers:
      - name: counter
        image: busybox
        command:
        - "bin/sh"
        - "-c"
        - "for i in 9 8 7 6 5 4 3 2 1; do echo $i; done"
```

然后通过以下命令运行 Job：

```
[root@localhost ~]# kubectl apply -f job-counter.yaml
```

执行完成之后，查看 Job 的状态，如下所示：

```
[root@localhost ~]# kubectl get jobs
NAME            DESIRED   SUCCESSFUL   AGE
job-counter     <none>    3            2m
```

通过上面的输出可知，一共有 3 个 Job 成功执行。接下来查看以下 Pod 的状态，如下所示：

```
[root@localhost ~]# kubectl get pods --show-all
NAME                  READY   STATUS      RESTARTS   AGE
job-counter-2w53g     0/1     Completed   0          2m
job-counter-4vvxl     0/1     Completed   0          2m
job-counter-r1bjs     0/1     Completed   0          2m
```

可以得知，一共有 3 个 Pod 处于完成状态，它们的 AGE 值都为 2m，这表示它们是并行执行的。

7.2.4　Job 的定时执行

在 Kubernetes 中，Job 除了可以并行执行之外，还可以定时执行。这在完成某些计划任务时非常重要。Kubernetes 为定时 Job 专门设置了一种资源类型，其名称为 CronJob。

CronJob 需要 batch/v2alpha1 版本的 API，所以需要预先修改 kube-apiserver 的配置文件，增加以下选项：

```
KUBE_API_ARGS="--allow_privileged=true
```

```
--runtime-config=batch/v2alpha1=true"
```

然后创建一个 CronJob 的 YAML 配置文件，代码如下：

```yaml
apiVersion: batch/v2alpha1
kind: CronJob
metadata:
  name: hello
spec:
  schedule: "*/1 * * * *"
  jobTemplate:
    spec:
      template:
        spec:
          containers:
          - name: hello
            image: busybox
            command: ["echo","hello k8s job!"]
          restartPolicy: OnFailure
```

执行 kubectl apply 命令，创建 CronJob，如下所示：

```
[root@localhost ~]# kubectl apply -f cronjob.yaml
```

然后查看 CronJob 的状态：

```
[root@localhost ~]# kubectl get cronjob hello
NAME      SCHEDULE      SUSPEND   ACTIVE   LAST-SCHEDULE
hello     */1 * * * *   False     0        <none>
```

可以发现，在上面的列表中，没有 Job 处于活动状态。为了能够观察到 Job 的执行情况，需要使用--watch 选项，如下所示：

```
[root@localhost ~]# kubectl get jobs --watch
NAME                DESIRED   SUCCESSFUL   AGE
hello-4111706356    1         1            2s
```

现在，从上面的输出结果可以发现，每隔 1 分钟左右，上面的 Job 会执行一次。

除了使用配置文件之外，用户也可以使用命令行来创建 CronJob，例如，上面的 CronJob 也可以使用以下命令来创建：

```
[root@localhost ~]# kubectl run hello --schedule="*/1 * * * *"
--restart=OnFailure --image=busybox -- /bin/sh -c "date; echo Hello from the
Kubernetes cluster"
cronjob "hello" created
```

第 8 章

通过服务访问应用

在第 7 章中,我们详细介绍了在 Kubernetes 中如何运行一个应用。Pod 是 Kubernetes 运行应用的基础。也就是说 Kubernetes 的各项服务都是由 Pod 提供的。作为一个用户来说,当然希望自己的应用是健壮的。但是,Pod 本身并不是健壮的,这就给用户带来一个困惑,那就是如何使自己的各种服务变得健壮起来。本章将对这个问题进行详细讨论。

本章涉及的知识点有:

- 服务及其功能:主要介绍 Kubernetes 中服务的基本概念及其用途。
- 管理服务:介绍服务的创建、查看以及删除等常见的操作。
- 外网访问服务:主要介绍 ClusterIP、NodePort 和 LoadBalancer 这三种方式的使用场景。
- 通过 Cluster DNS 访问服务:主要介绍 Cluster DNS 的安装、配置以及如何通过 DNS 访问服务。

8.1 服务及其功能

服务(Service)是 Kubernetes 系统体系中的一个核心概念。借助服务,用户可以非常方便地实现应用的服务发现与负载均衡,并实现应用的零宕机升级。本节将详细介绍服务的概念及其功能,使读者能够深入掌握这个概念。

8.1.1 服务基本概念

通过前面一章的学习,读者可以了解到,Kubernetes 中的 Pod 是有生命周期的,它们可以被创建,也可以被销毁,然而一旦被销毁,生命就永远结束了。用户通过 ReplicaSets 能够动态地创建和销毁 Pod,例如需要进行扩容和缩容,或者执行滚动升级。另外,Pod 本身也会产生故障,发生意外退出的情况。在这种情况下,Kubernetes 会自动创建一个新的 Pod 副本来代替故障 Pod。

每当新的 Pod 被创建时,它都会获取它自己的 IP 地址,这意味着 Pod 的 IP 地址并不总是稳定和可依赖的。这会导致一个问题,在 Kubernetes 集群中,如果一组运行后台服务的 Pod

为其他运行前台服务的 Pod 提供服务，那么那些提供前台服务的 Pod 该如何发现并连接到这组提供后台服务的 Pod 呢？

Kubernetes 的 Service 就是为解决这个问题而提出来的。它定义了这样一种抽象，为逻辑上的一组 Pod，提供了一种可以访问它们的策略，这种策略通常被称为微服务，这组 Pod 能够被 Service 访问到。

举个例子，例如一个图片处理后台服务应用，它运行了 3 个 Pod 副本。这些副本是可互换的，前台应用不需要关心它们具体调用了哪个后台 Pod 副本。然而组成这一组后台图片处理程序的 Pod 实际上可能会发生变化，前台客户端不应该也没必要知道，而且也不需要跟踪这一组后台服务的状态，这些工作由 Service 来完成，前台服务只要关心相应的服务是否正常提供服务就可以了。服务定义的抽象能够解耦这种 Pod 之间的关联性。

8.1.2　服务的功能原理

服务的主要功能有两个，一个是实现了服务之间的关联解耦，另外一个就是实现了服务发现和负载均衡。

图 8-1 描述了一个服务与一组 Pod 的关系。图中黑色六边形是一个节点，节点可以是一台主机或者虚拟机。虚线是由三个节点组成的服务，提供负载均衡和服务发现，有一个固定的 IP 地址 172.17.5.123。长方形为 Pod，Pod 的 IP 地址是不固定的，因为需要经常生成和销毁。

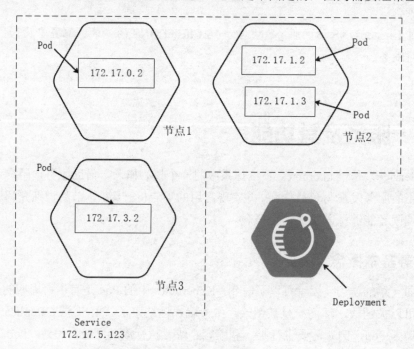

图 8-1　服务

在逻辑层面上，服务被认为是真实应用的抽象，每一个服务通过标签选择器关联着一系列的 Pod。在物理层面上，服务又是用户应用的代理服务器，对外表现为一个单一访问入口，通过 Kubernetes Proxy 把请求转发到服务关联的 Pod。

在应用的滚动更新过程中，Kubernetes 通过逐个容器替代升级的方式实现了无中断的服务升级。

在图 8-2 中，首先更新的是左上角的节点。节点中实线长方形为原来的 Pod，虚线长方形为更新后的 Pod。更新的过程中会创建一个新的 Pod，并且拥有新的 IP 地址 172.17.0.5。当新的 Pod 处于可用状态后，旧的 Pod 便被销毁，其他节点的 Pod 也会依次开始更新。而从服务的服务对象角度来看，整个过程中服务并没有发生变化，所以服务可以一直保持。

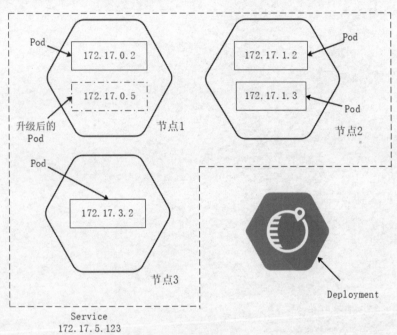

图 8-2　滚动更新

8.2　管理服务

与其他的资源一样，服务的管理主要包括创建、查看以及删除等操作。本节将对这些常见的操作进行介绍。

8.2.1　创建服务

同样，服务也是 Kubernetes 中的一种资源，所以它的配置文件与前面介绍的非常相似。一个典型服务的 YAML 配置文件如下：

```
01  apiVersion: v1
02  kind: Service
```

```
03  metadata:
04    name: string
05    namespace: string
06    labels:
07      - name: string
08    annotations:
09      - name: string
10  spec:
11    selector: []
12    type: string
13    clusterIP: string
14    sessionAffinity: string
15    ports:
16    - name: string
17      protocol: string
18      port: int
19      targetPort: int
20      nodePort: int
21  status:
22    loadBalancer:
23      ingress:
24        ip: string
25        hostname: string
```

第 1 行的 apiVersion 为 API 的版本号，这是个必需的属性。第 2 行的 kind 表示该项资源为服务。第 3~9 行定义 Service 的元数据（Metadata），其中 name 表示服务的名称，为必需的属性。从第 10 行开始，定义 Service 的规格，其中绝大部分属性都是非必需的。需要注意的是，第 11 行的 selector 为标签选择器，用来选择服务可以代理的 Pod。第 12 行的 type 用来标识服务的类型，可以是以下三种类型：

- ClusterIP：该项为默认的类型，提供一个集群内部的虚拟 IP，与 Pod 不在同一个网段，用于集群内部 Pod 之间的通信。
- nodePort：使用宿主机的端口，使得访问各个节点的外部客户通过节点的 IP 地址和端口就能访问这个服务。
- loadBalancer：使用外接负载均衡完成服务到负载的分发，需要在 spec.status.loadBalancer 字段指定负载均衡器的 IP 地址，并同时定义 nodePort 和 ClusterIP。

下面通过配置文件创建一个 Service，配置文件的内容如下：

```
apiVersion: v1
```

```yaml
kind: Service
metadata:
  name: web-service
spec:
  selector:
    app: webserver
  ports:
  - name: http
    protocol: TCP
    port: 80
    targetPort: 80
  - name: https
    protocol: TCP
    port: 443
    targetPort: 443
```

将以上配置文件保存为 service.yaml，然后执行以下命令创建服务：

```
kubectl create -f service.yaml
```

除了使用配置文件之外，用户还可以通过命令行创建 Service。命令的基本语法如下：

```
kubectl create service
```

通过命令，用户可以创建 4 种类型的服务，分别为 ClusterIP、loadBalancer、nodePort 以及 ExternalName。其中，创建 ClusterIP 服务的命令的基本语法如下：

```
kubectl create clusterip name [--tcp=<port>:<targetport>]
```

其中，name 为服务的名称。--tcp 选项用来指定 Service 的服务端口与 Pod 端口之间的映射。port 为 Service 对外提供服务的端口，targetport 为服务关联的 Pod 的端口，对于这两个端口，读者一定需要搞清楚它们的用途。简单地讲，port 就是 Service 对应的 ClusterIP 的 IP 地址。当其他的应用访问 port 所代表的端口时，Service 就将该请求转发到 targetport 所定义的端口，进而被转发到 Pod 的相应端口。在本例中，当其他应用访问 80 端口时，就被转发到 Pod 的 80 端口，即 Pod 中 Nginx 的服务端口。同样，当其他应用访问 HTTPS 的 443 端口时，请求就会被转发到 Pod 的 443 端口，即 Nginx 提供 HTTPS 服务的端口。

例如，下面的命令创建一个名称为 myservice 的 clusterip，并且将服务端口映射到 8080 端口：

```
[root@localhost ~]# kubectl create service clusterip my-cs --tcp=5678:8080
```

创建 LoadBalancer 服务的命令的基本语法如下：

```
kubectl create loadbalancer name [--tcp=port:targetport]
```

创建 nodeport 服务的命令的基本语法如下：

```
kubectl create nodeport name [--tcp=port:targetport]
```

创建 ExternalName 服务的命令的基本语法如下：

```
kubectl create externalname name --external-name external.name
```

这些命令的使用方法与 clusterIP 基本相同，因而不再举例说明。

8.2.2 查看服务

用户可以通过命令 kubectl get svc 或者 kubectl get services 来查看创建的服务，如下所示：

```
[root@localhost ~]# kubectl get svc
NAME           CLUSTER-IP       EXTERNAL-IP    PORT(S)           AGE
kubernetes     10.254.0.1       <none>         443/TCP           4d
my-cs          10.254.75.70     <none>         5678/TCP          16m
web-service    10.254.250.54    <none>         80/TCP,443/TCP    48m
```

在上面的输出结果中，NAME 为 Service 的名称，CLUSTER-IP 为 Kubernetes 给服务分配的 IP 地址。EXTERNAL-IP 为外部 IP 地址，如果没有指定，则为 none。PORTS 为服务的服务端口。

如果想要显示更加详细的信息，可以使用 -o wide 选项，如下所示：

```
[root@localhost ~]# kubectl get svc -o wide
NAME           CLUSTER-IP       EXTERNAL-IP    PORT(S)           AGE   SELECTOR
kubernetes     10.254.0.1       <none>         443/TCP           4d    <none>
my-cs          10.254.75.70     <none>         5678/TCP          17m   app=my-cs
web-service    10.254.250.54    <none>         80/TCP,443/TCP    49m   name=nginx
```

在上面的输出结果中，SELECTOR 即为创建 Service 时指定的标签选择器。

除了查看服务状态信息之外，用户还可以通过 kubectl get endpoints 命令来查看服务代理的 Pod 的信息，如下所示：

```
[root@localhost ~]# kubectl get endpoints web-service
NAME           ENDPOINTS                                                       AGE
web-service    172.17.0.2:443,172.17.0.2:443,172.17.0.3:80 + 1 more...         1h
```

其中 ENDPOINTS 为当前服务所关联的 Pod 的 IP 地址及其端口。

如果想要查看更为详细的关于服务的信息，可以使用 kube describe service 命令：

```
[root@localhost ~]# kubectl describe service web-service
Name:                web-service
Namespace:           default
Labels:              <none>
Selector:            name=nginx
Type:                ClusterIP
IP:                  10.254.123.250
Port:                http    80/TCP
Endpoints:           172.17.0.2:80,172.17.0.3:80
Port:                https   443/TCP
Endpoints:           172.17.0.2:443,172.17.0.3:443
Session Affinity:    None
No events.
```

从上面的输出结果可知,所使用的选择器为 name=nginx,Service 的类型为 ClusterIP,端口 80 所关联的 Endpoints 分别为 172.17.0.2:80 和 172.17.0.3:80,端口 433 管理的 Endpoints 分别为 172.17.0.2:443 和 172.17.0.3:443。

8.2.3 删除服务

删除服务有两种方式。如果用户是通过 YAML 配置文件创建的服务,则可以使用 kubectl delete -f 命令将服务删除。例如,我们想要删除刚才创建的 web-service,执行如下命令,命令的执行结果如下所示:

```
[root@localhost ~]# kubectl delete -f service.yaml
service "web-service" deleted
```

而对于命令行创建的服务,由于没有对应的配置文件,因此无法使用上面的命令将其删除。与之相对应,Kubernetes 也提供了命令行的删除方法。例如,我们想要将名称为 my-cs 的服务删除,执行如下命令,命令的执行结果如下所示:

```
[root@localhost ~]# kubectl delete service my-cs
service "my-cs" deleted
```

8.3 外部网络访问服务

想要对外提供服务,就必须能够被外部网络的各种信息系统所访问。在 Kubernetes 中,用户可以通过很多种方式来达到这个目的。本节将介绍其中最常用的两种方式。

8.3.1　kube-proxy 结合 ClusterIP

前面已经讲过，服务就是一组 Pod 的服务抽象，相当于一组 Pod 的负载均衡，它负责将请求分发给对应的 Pod。服务会为这个负载均衡提供一个 IP 地址，一般称为 ClusterIP。ClusterIP 是一个虚拟的 IP 地址，是由 Kubernetes 分配给服务的。

kube-proxy 的作用主要是负责服务的实现。具体来说，就是实现了在内部从 Pod 到服务以及外部对服务的访问，如图 8-3 所示。可以通过 kube-proxy 访问 ClusterIP 类型的 Service，如图 8-4 所示。

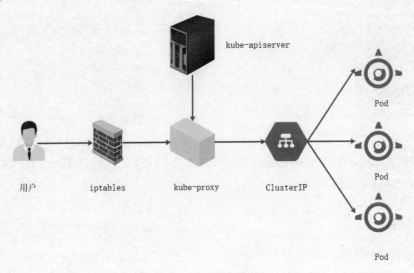

图 8-3　kube-proxy

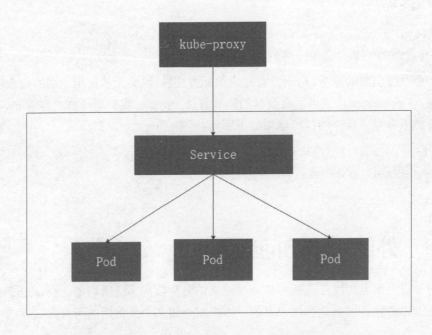

图 8-4　通过 kube-proxy 访问 ClusterIP 类型的 Service

Kubernetes 的 API 提供了外部访问 ClusterIP 的能力，其访问方式如下：

```
http://masterip:8080/api/v1/proxy/namespaces/<namespace>/services/<service-name>:<port-name>/
```

在上面的语法中，masterip 为 Master 节点的 IP 地址，<namespace>为 Service 所属的命名空间，<service-name>为 Service 的名称，<port-name>为端口。

例如，对于前面定义的名称为 web-service 的 Service（服务），我们可以通过以下 URL 来访问：

```
http://192.168.1.121:8080/api/v1/proxy/namespaces/default/services/web-service:http/
```

访问结果如图 8-5 所示。

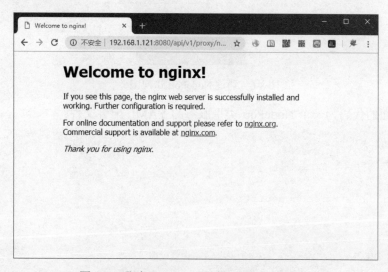

图 8-5　通过 kube-proxy 访问 Service（服务）

8.3.2　通过 NodePort 访问服务

NodePort 类型的服务是让外部机器可以访问集群内部服务最基本的方式。所谓 NodePort，顾名思义可以在所有节点上打开一个特定端口，任何发送到此端口的流量都将转发到相应的服务上面。图 8-6 描述了通过 NodePort 访问服务的原理。

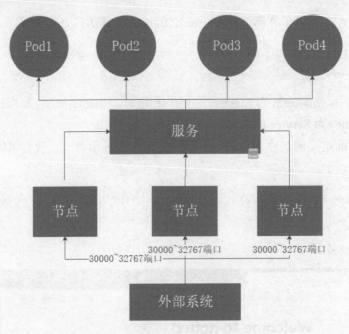

图 8-6 通过 NodePort 访问服务

例如，下面的代码为一个 NodePort 类型服务的 YAML 配置文件：

```yaml
apiVersion: v1
kind: Service
metadata:
  name: nginx-service-nodeport
spec:
  selector:
      app: nginx
  ports:
    - name: http
      port: 8000
      protocol: TCP
      targetPort: 80
  type: NodePort
```

将以上代码保存为 nodeport.yaml，然后使用以下命令创建服务：

```
[root@localhost ~]# kubectl apply -f nodeport.yaml
service "nginx-service-nodeport" created
```

查看服务状态，如下所示：

```
[root@localhost ~]# kubectl get svc -o wide
NAME            CLUSTER-IP      EXTERNAL-IP   PORT(S)    AGE   SELECTOR
kubernetes      10.254.0.1      <none>        443/TCP    32d   <none>
my-nginx        10.254.27.146   <none>        80/TCP     14m   app=nginx
```

```
nginx-service-nodeport   10.254.112.42   <nodes>   8000:30243/TCP 9s app=nginx
```

在上面的输出中,最后一行即为刚刚创建的 NodePort 类型的服务。由此可知,该服务将 8000 端口映射到了节点的 30243 端口。而在上面的定义中,服务的目标端口为 Pod 的 80 端口。因此,用户可以通过访问节点的 30243 端口,间接地访问 Pod 的 80 端口,如图 8-7 所示。

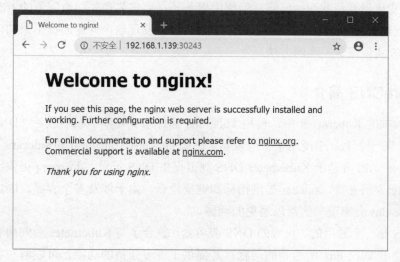

图 8-7 通过 NodePort 访问服务

8.3.3 通过负载均衡访问服务

负载均衡类型的服务是在公网上发布服务的标准方式。例如用户在云或者本地的机器上面有个负载均衡系统。该负载均衡系统通常会有一个固定的 IP 地址。当外部网络的其他系统访问该 IP 地址时,会将请求转发到服务上,其原理如图 8-8 所示。

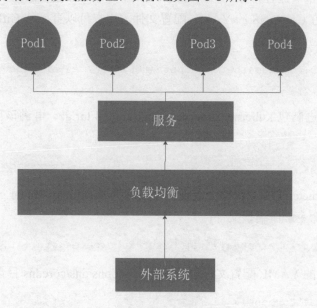

图 8-8 通过负载均衡的访问服务

8.4 通过 CoreDNS 访问应用

前面已经介绍了多种通过服务来访问应用的方法。这些方法在一定程度上解决了 Pod 重建后 IP 动态变化以及负载均衡问题，但使用服务还是要需要预先知道服务的 ClusterIP，存在着一定的局限性。而 CoreDNS 就是专门为了解决服务发现这个问题而提出来的，本节将详细介绍 CoreDNS 实现服务发现的方法。

8.4.1 CoreDNS 简介

在早期版本的 Kubernetes 中，使用 kube-dns 插件来实现基于域名服务（DNS）的服务发现。kube-dns 在一个 Pod 中使用了多个容器，例如 kubedns、dnsmasq 和 sidecar。kubedns 容器监视 Kubernetes API 并基于 Kubernetes DNS 规范提供 DNS 记录，dnsmasq 提供缓存和存根域（Stub Domain）的支持，sidecar 提供指标和健康检查。由于涉及多个容器，因此在实际运行过程中，kube-dns 会出现一些难以避免的问题。

CoreDNS 是一个通用的、权威的 DNS 服务器，整合了与 Kubernetes 后向兼容和可扩展的功能。它解决了 kube-dns 所遇到的问题，并提供了许多独特的功能，可以解决各种各样的问题。与 kube-dns 不同，在 CoreDNS 中，所有这些功能都在一个容器中完成。

8.4.2 安装 CoreDNS

在 Kubernetes 中部署 CoreDNS 作为集群内的 DNS 服务有很多种方式，例如可以使用官方的软件包管理工具 Helm 来部署，也可以通过 YAML 配置文件进行部署。为了能够使读者深入了解 CoreDNS 的部署过程，在此讲解通过 YAML 文件的部署方法。

首先是获取官方 CoreDNS 的 YAML 配置文件，用户可以直接从 GitHub 网站下载，其网址为：

```
https://github.com/kubernetes/kubernetes/tree/master/cluster/addons/dns/coredns
```

也可以下载二进制包 kubernetes-server-linux-amd64.tar.gz，再讲该压缩包解压缩，命令如下：

```
[root@localhost ~]# tar -zxvf kubernetes-server-linux-amd64.tar.gz
```

然后进入 kubernetes 目录，我们会发现一个名称为 kubernetes-src.tar.gz 的 Kubernetes 源代码文件。通过以下命令解压缩该文件：

```
[root@localhost kubernetes]# tar -zxvf kubernetes-src.tar.gz
```

其中 CoreDNS 的 YAML 配置文件位于 cluster/addons/dns/coredns 目录中，如下所示：

```
[root@localhost coredns]# ll
total 36
```

```
-rw-rw-r--    1    root    root    4240    Feb 27 15:10
coredns.yaml.base
-rw-rw-r--    1    root    root    4308    Feb 27 15:10
coredns.yaml.in
-rw-rw-r--    1    root    root    4281    Feb 27 15:10
coredns.yaml.sed
-rw-rw-r--    1    root    root    1075    Feb 27 15:10
Makefile
-rw-rw-r--    1    root    root    308     Feb 27 15:10
transforms2salt.sed
-rw-rw-r--    1    root    root    266     Feb 27 15:10
transforms2sed.sed
```

在上面的文件列表中，coredns.yaml.base 就是我们所需要的 YAML 模板文件。将上述 YAML 模板文件另存为 coredns.yaml，命令如下：

```
[root@localhost coredns]# cp coredns.yaml.base coredns.yaml
```

然后对 coredns.yaml 进行相应的修改，修改后的完整代码如下：

```
001  apiVersion: v1
002  kind: ServiceAccount
003  metadata:
004    name: coredns
005    namespace: kube-system
006  ---
007  apiVersion: rbac.authorization.k8s.io/v1alpha1
008  kind: ClusterRole
009  metadata:
010    labels:
011      kubernetes.io/bootstrapping: rbac-defaults
012    name: system:coredns
013  rules:
014  - apiGroups:
015    - ""
016    resources:
017    - endpoints
018    - services
019    - pods
020    - namespaces
021    verbs:
022    - list
023    - watch
024  - apiGroups:
025    - ""
```

```
026    resources:
027    - nodes
028    verbs:
029    - get
030  ---
031  apiVersion: rbac.authorization.k8s.io/v1alpha1
032  kind: ClusterRoleBinding
033  metadata:
034    annotations:
035      rbac.authorization.kubernetes.io/autoupdate: "true"
036    labels:
037      kubernetes.io/bootstrapping: rbac-defaults
038    name: system:coredns
039  roleRef:
040    apiGroup: rbac.authorization.k8s.io
041    kind: ClusterRole
042    name: system:coredns
043  subjects:
044  - kind: ServiceAccount
045    name: coredns
046    namespace: kube-system
047  ---
048  apiVersion: v1
049  kind: ConfigMap
050  metadata:
051    name: coredns
052    namespace: kube-system
053  data:
054    Corefile: |
055      .:53 {
056          errors
057          health
058          ready
059          kubernetes cluster.local in-addr.arpa ip6.arpa {
060             pods insecure
061             fallthrough in-addr.arpa ip6.arpa
062          }
063          prometheus :9153
064          forward . /etc/resolv.conf
065          cache 30
066          loop
067          reload
068          loadbalance
```

```
069     }
070 ---
071 apiVersion: extensions/v1beta1
072 kind: Deployment
073 metadata:
074   name: coredns
075   namespace: kube-system
076   labels:
077     k8s-app: kube-dns
078     kubernetes.io/name: "CoreDNS"
079 spec:
080   replicas: 2
081   strategy:
082     type: RollingUpdate
083     rollingUpdate:
084       maxUnavailable: 1
085   selector:
086     matchLabels:
087       k8s-app: kube-dns
088   template:
089     metadata:
090       labels:
091         k8s-app: kube-dns
092     spec:
093       priorityClassName: system-cluster-critical
094       serviceAccountName: coredns
095       tolerations:
096         - key: "CriticalAddonsOnly"
097           operator: "Exists"
098       nodeSelector:
099         beta.kubernetes.io/os: linux
100       containers:
101       - name: coredns
102         image: coredns/coredns:1.5.0
103         imagePullPolicy: IfNotPresent
104         resources:
105           limits:
106             memory: 170Mi
107           requests:
108             cpu: 100m
109             memory: 70Mi
110         args: [ "-conf", "/etc/coredns/Corefile" ]
111         volumeMounts:
```

```yaml
112         - name: config-volume
113           mountPath: /etc/coredns
114           readOnly: true
115         ports:
116         - containerPort: 53
117           name: dns
118           protocol: UDP
119         - containerPort: 53
120           name: dns-tcp
121           protocol: TCP
122         - containerPort: 9153
123           name: metrics
124           protocol: TCP
125         securityContext:
126           allowPrivilegeEscalation: false
127           capabilities:
128             add:
129             - NET_BIND_SERVICE
130             drop:
131             - all
132           readOnlyRootFilesystem: true
133         livenessProbe:
134           httpGet:
135             path: /health
136             port: 8080
137             scheme: HTTP
138           initialDelaySeconds: 60
139           timeoutSeconds: 5
140           successThreshold: 1
141           failureThreshold: 5
142         readinessProbe:
143           httpGet:
144             path: /ready
145             port: 8181
146             scheme: HTTP
147       dnsPolicy: Default
148       volumes:
149         - name: config-volume
150           configMap:
151             name: coredns
152             items:
153             - key: Corefile
154               path: Corefile
```

```
155    ---
156    apiVersion: v1
157    kind: Service
158    metadata:
159      name: kube-dns
160      namespace: kube-system
161      annotations:
162        prometheus.io/port: "9153"
163        prometheus.io/scrape: "true"
164      labels:
165        k8s-app: kube-dns
166        kubernetes.io/cluster-service: "true"
167        kubernetes.io/name: "CoreDNS"
168    spec:
169      selector:
170        k8s-app: kube-dns
171      clusterIP: 10.254.0.2
172      ports:
173      - name: dns
174        port: 53
175        protocol: UDP
176      - name: dns-tcp
177        port: 53
178        protocol: TCP
179      - name: metrics
180        port: 9153
181        protocol: TCP
```

其中，第 2~5 行创建 ServiceAccount；第 7~29 行创建 ClusterRole，其名称为 system:coredns；第 31~46 行创建 ClusterRoleBinding 对象；第 48~69 行创建 ConfigMap 对象；第 71~154 行创建 Deployment 对象；第 157~181 行创建服务对象，其中第 171 行指定所创建的服务的 ClusterIP 为 10.254.0.2。

使用以下命令部署 CoreDNS：

```
[root@localhost coredns]# kubectl create -f coredns.yml
```

部署完成之后，查看 Pod 是否部署成功，如下所示：

```
[root@localhost coredns]# kubectl get pod --namespace=kube-system
NAME                                        READY    STATUS     RESTARTS   AGE
coredns-2955756869-lkjgk                    0/1      Running    0          28s
coredns-2955756869-tps0t                    0/1      Running    0          28s
kubernetes-dashboard-1724149408-97377       1/1      Running    3          5d
```

从上面的输出结果可知，CoreDNS 已经有 2 个实例在运行。

接下来修改 kubelet 的配置文件/etc/kubernetes/kubelet，增加关于 DNS 的相关选项，如下所示：

```
KUBELET_ARGS="--cluster-dns=10.254.0.2 --cluster-domain=cluster.local"
```

查看相应服务的状态：

```
[root@localhost ~]# kubectl get svc --namespace=kube-system
NAME                    CLUSTER-IP      EXTERNAL-IP   PORT(S)                   AGE
kube-dns                10.254.0.2      <none>        53/UDP,53/TCP,9153/TCP    48m
kubernetes-dashboard    10.254.175.41   <nodes>       9090:30963/TCP            5d
```

从上面的执行结果可知，kube-dns 服务的 ClusterIP 为 10.254.0.2，正是我们在配置文件中指定的 IP 地址。此外，该服务暴露的端口为 53/UDP、53/TCP 以及 9153/TCP。

接下来验证所部署的 CoreDNS 是否可以正常地将服务名解析为对应的 IP 地址。首先部署一个 Nginx 及其服务，其中 Deployment 的 YAML 代码如下：

```yaml
apiVersion: extensions/v1beta1
kind: Deployment
metadata:
  name: my-nginx
spec:
  selector:
    matchLabels:
      run: my-nginx
  replicas: 2
  template:
    metadata:
      labels:
        run: my-nginx
    spec:
      containers:
      - name: my-nginx
        image: nginx
        ports:
        - containerPort: 80
```

服务的 YAML 代码如下：

```yaml
apiVersion: v1
kind: Service
metadata:
  name: my-nginx
  labels:
    run: my-nginx
spec:
```

```
  ports:
  - port: 80
    protocol: TCP
  selector:
    run: my-nginx
```

创建一个 CentOS 的 Pod，验证 CoreDNS 是否能够成功解析名称，其 YAML 配置文件如下：

```
apiVersion: v1
kind: Pod
metadata:
  name: centos
  namespace: default
spec:
  containers:
  - image: centos
    command:
      - sleep
      - "3600"
    imagePullPolicy: IfNotPresent
    name: centoschao
  restartPolicy: Always
```

然后执行以下命令进入 CentOS 容器中：

```
[root@localhost ~]# kubectl exec -it centos -- /bin/sh
sh-4.2#
```

通过 nslookup 命令验证是否可以将服务名称解析为相应的 IP 地址：

```
sh-4.2# nslookup my-nginx
Server:         10.254.0.2
Address:        10.254.0.2#53

my-nginx
Name:      my-nginx.default.svc.cluster.local
Address: 10.254.29.191
```

从上面的输出结果可知，CoreDNS 已经成功地将服务名称解析为相应的 IP 地址。

 如果 CentOS 容器中没有安装 nslookup 命令，则可以使用以下命令安装：

```
sh-4.2# yum -y install bind-utils
```

通过 curl 命令访问 my-nginx 服务，如下所示：

```
sh-4.2# curl my-nginx
<!DOCTYPE html>
<html>
<head>
<title>Welcome to nginx!</title>
<style>
    body {
        width: 35em;
        margin: 0 auto;
        font-family: Tahoma, Verdana, Arial, sans-serif;
    }
</style>
</head>
<body>
<h1>Welcome to nginx!</h1>
<p>If you see this page, the nginx web server is successfully installed and
working. Further configuration is required.</p>

<p>For online documentation and support please refer to
<a href="http://nginx.org/">nginx.org</a>.<br/>
Commercial support is available at
<a href="http://nginx.com/">nginx.com</a>.</p>

<p><em>Thank you for using nginx.</em></p>
</body>
</html>
```

第 9 章
存储管理

在 Kubernetes 集群中，运行服务离不开持久性地将数据保存起来，这就涉及 Kubernetes 的存储系统了。存储系统的功能是将各种服务在运行过程中产生的数据长久地保存下来，即使容器被销毁，数据仍然存在。本章将对 Kubernetes 的存储系统进行详细介绍。

本章涉及的知识点有：

- 存储卷：主要介绍 Kubernetes 中存储卷的概念以及各种类型的存储卷的使用方法。
- 持久化存储卷：介绍持久化存储卷的创建、回收以及动态供给。

9.1 存储卷

存储卷（Volume）是 Kubernetes 持久化数据的最基本的功能单元。Kubernetes 的数据卷是 Docker 数据卷的扩展，Kubernetes 适配各种存储系统，包括本地存储 EmptyDir 和 HostPath、网络存储 NFS、GlusterFS 以及 PV/PVC 等，本节详细介绍 Kubernetes 的存储如何实现。

9.1.1 什么是存储卷

我们通常讲，容器和 Pod 是短暂的，它们会被频繁地销毁和创建。容器被销毁时，保存在容器内部文件系统中的数据就会被清除。此外，Pod 中的多个容器经常需要共享文件，如果没有其他的机制，单纯依靠容器本身是无法实现的。正因为以上的原因，Kubernetes 专门提供了存储卷来解决这些问题。

存储卷的生命周期独立于容器，Pod 中的容器可能被销毁和重建，但是存储卷会被保留下来。本质上，Kubernetes 的存储卷是一个目录，这一点与 Docker 的卷类似。当存储卷被挂载到 Pod，Pod 中的所有容器都可以访问这个存储卷。Kubernetes 的存储卷也支持多种后端类型，到目前为止，大约有 30 余种，主要包括 emptyDir、hostPath、GCE Persistent Disk、AWS Elastic BlockStore、NFS 以及 Ceph 等。

存储卷提供了对各种后端存储的抽象，容器在使用存储卷读写数据的时候不需要关心数据到底是存放在本地节点的文件系统中还是在云硬盘上。对它来说，所有类型的存储卷都只是一个目录。

9.1.2　emptyDir 卷

emptyDir 卷是最基础的存储卷类型。简单地讲，一个 emptyDir 类型的存储卷就是宿主节点上的一个空目录。

emptyDir 卷对于容器来说是持久的，也就是说，emptyDir 卷不会随着容器的销毁而销毁。但是 emptyDir 卷对于 Pod 来说，则不是持久的。当 Pod 从节点中删除时，其所拥有的 emptyDir 卷也会被删除，其中的数据也会丢失。也就是说，emptyDir 卷与 Pod 的生命周期是一致的。Pod 中的所有容器都可以共享卷，它们可以指定各自的挂载路径。下面通过例子来演示 emptyDir 卷的使用方法。首先创建一个名称为 emptydir-demo.yaml 的配置文件，内容如下：

```
01  apiVersion: v1
02  kind: Pod
03  metadata:
04    name: emptydir-demo
05  spec:
06    containers:
07    - name: c1
08      image: nginx:latest
09      volumeMounts:
10      - mountPath: /messages
11        name: data
12      args:
13      - /bin/bash
14      - -c
15      - echo "Hello, world." > /messages/hello;sleep 3000
16    - name: c2
17      image: nginx:latest
18      volumeMounts:
19      - mountPath: /messages
20        name: data
21      args:
22      - /bin/bash
23      - -c
24      - cat /messages/hello;sleep 3000
25    volumes:
26    - name: data
27      emptyDir: {}
```

在上面的代码中，第 2 行指定资源类型为 Pod，该 Pod 将会挂载所创建的 emptyDir。第 4 行指定 Pod 的名称为 emptydir-demo。第 7~15 行定义了一个容器，该容器的名称为 c1。第 9~11 行定义容器内的挂载点，挂载路径为/messages，存储卷的名称为 data。第 13~15 行定义参数，该参数的功能是输出以下字符串：

```
Hello, world.
```

以上字符串将会被输出到/messages/hello 文件中，并且休眠 3 秒钟。

第 16~24 行定义了另外一个容器，其名称为 c2。c2 同样也将名称为 data 的 emptyDir 卷挂载在/messages 路径下。不过，该容器的参数为通过 cat 命令将/messages/hello 文件的内容输出到标准输出设备。第 25 行开始定义 emptyDir 卷，其名称为 data，类型为 emptyDir。

通过上面的介绍可知，上面的例子在名称为 emptydir-demo 的 Pod 中定义了 2 个容器，其中一个容器的功能是输出一个字符串到 emptyDir 卷里面的文件中，另外一个容器的功能是读取该文件的容器。这两个容器同时挂载到同一个 emptyDir 卷，实现了存储的共享。

然后使用以下命令创建 emptyDir 卷：

```
[root@localhost ~]# kubectl create -f emptydir-demo.yaml
pod "emptydir-demo" created
```

创建完成之后，查看所创建的 Pod 的状态，如下所示：

```
[root@localhost ~]# kubectl get po -o wide
NAME            READY   STATUS    RESTARTS   AGE   IP            NODE
emptydir-demo   2/2     Running   0          36m   172.16.10.3   192.168.1.122
…
```

从上面的输出结果可知，刚刚创建的 Pod 位于 192.168.1.122 节点上。通常情况下，Volume 在节点上的磁盘路径为：

```
/var/lib/kubelet/pods/<pod uuid>/volumes
```

其中 pod uuid 为 Kubernetes 分配给 Pod 的 UUID。这个 UUID 可以通过 kubectl get pod 命令获取，要输出 JSON 格式的结果，执行如下命令，命令的执行结果如下所示：

```
[root@localhost ~]# kubectl get pod emptydir-demo -o json
{
    "apiVersion": "v1",
    "kind": "Pod",
    "metadata": {
        "creationTimestamp": "2019-03-29T21:29:37Z",
        "name": "emptydir-demo",
        "namespace": "default",
        "resourceVersion": "136078",
        "selfLink": "/api/v1/namespaces/default/pods/emptydir-demo",
        "uid": "c13c2c25-5269-11e9-a06b-000c2994a2b7"
    },
    "spec": {
        "containers": [
            {
                "args": [
```

```
                "/bin/bash",
                "-c",
                "echo \"Hello, world.\" \u003e /messages/hello;sleep 3000"
            ],
            "image": "nginx:latest",
            "imagePullPolicy": "Always",
            "name": "master",
            "resources": {},
            "terminationMessagePath": "/dev/termination-log",
            "volumeMounts": [
                {
                    "mountPath": "/messages",
                    "name": "data"
                }
            ]
        },
...
```

从上面的输出结果可知，emptydir-demo 的 UUID 为 c13c2c25-5269-11e9-a06b-000c2994a2b7。得知 UUID 之后，我们就可以登录到 IP 地址为 192.168.1.122 的节点，查看以下目录：

/var/lib/kubelet/pods/c13c2c25-5269-11e9-a06b-000c2994a2b7/volumes

目录内容如下：

```
[root@localhost ~]# ll /var/lib/kubelet/pods/c13c2c25-5269-11e9-a06b-000c2994a2b7/volumes
total 0
drwxr-xr-x  3  root     root          18 Mar 30 05:29 kubernetes.io~empty-dir
```

以上输出结果中的 kubernetes.io~empty-dir 即为 emptyDir 类型的存储卷所在的目录。在该目录中，存放着我们上面创建的名称为 data 的 emptyDir 卷。在 data 目录中，我们会发现一个名称为 hello 的文本文件，该文件的内容如下：

```
[root@localhost ~]# cat /var/lib/kubelet/pods/c13c2c25-5269-11e9-a06b-000c2994a2b7/volumes/kubernetes.io~empty-dir/data/hello
Hello, world.
```

上面文件的内容就是容器 c1 中的命令的输出结果。

而对于第 2 个容器的输出结果，我们可以在容器的日志中获取，如下所示：

```
[root@localhost ~]# kubectl logs emptydir-demo c2
Hello, world.
```

在上面的命令中，emptydir-demo 为 Pod 的名称，c2 为 Pod 中容器的名称。

接下来，我们再分别在两个容器中验证一下是否能够访问刚才定义的存储卷。

首先查看名称为 c1 的容器，由于在配置文件中我们指定卷的挂载路径为/messages，因此执行如下命令，命令的执行结果如下所示：

```
[root@localhost ~]# kubectl exec -it emptydir-demo -c c1 -- ls -l /messages
total 4
-rw-r--r-- 1     root        root    14 Mar 29 22:19         hello
```

从上面的输出结果可以确认，在 c1 中的/messages 目录中确实存在着名称为 hello 的文件，其内容如下：

```
[root@localhost ~]# kubectl exec -it emptydir-demo -c slave -- cat /messages/hello
  Hello, world.
```

同样在容器 c2 中，也可以得到类似的结果，读者可以自行验证。

如果我们在节点中执行以下命令，那么在 emptyDir 卷所在的目录中会创建一个新的文件：

```
[root@localhost ~]# echo "a message" > /var/lib/kubelet/pods/c13c2c25-5269-11e9-a06b-000c2994a2b7/volumes/kubernetes.io~empty-dir/data/message
```

这个文件也可以在容器中访问到，如下所示：

```
[root@localhost ~]# kubectl exec -it emptydir-demo -c slave -- cat /messages/message
  a message
```

9.1.3　hostPath 卷

hostPath 类型的存储卷的作用是将节点的文件系统中已经存在的目录直接共享给 Pod 的容器。在实际生产环境中，大部分应用都不会使用 hostPath 卷，因为这实际上增加了 Pod 与节点的耦合，限制了 Pod 的使用。但是，如果应用系统需要访问 Kubernetes 或 Docker 内部的数据，例如配置文件和二进制库，就需要使用 hostPath 卷。

hostPath 卷一般会和 DaemonSet 搭配使用，用于操控主机文件，例如加载主机的容器日志目录，达到收集本主机所有日志的目的。下面的代码是一个 hostPath 的 YAML 配置文件：

```
apiVersion: v1
kind: Pod
metadata:
  name: hostpath-demo
spec:
  containers:
  - image: nginx
    name: test-container
    volumeMounts:
```

```
    - mountPath: /data
      name: test-volume
  volumes:
  - name: test-volume
    hostPath:
      # directory location on host
      path: /root/data
```

假设在节点的文件系统中存储着一个目录，其路径为：

```
/root/data
```

上面的配置文件就是使得名称为 test-container 容器直接挂在主机的/root/data 目录上。

9.1.4 NFS 卷

NFS（Network File System），即网络文件系统，它最早在 FreeBSD 上实现。NFS 的主要功能是通过局域网让不同的主机之间共享文件或者目录。NFS 是典型的客户端/服务器架构（为成为客户机/服务器架构），其客户端通常为应用服务器，而服务器通常是连接大容量存储设备的主机。客户端通过挂载的方式将 NFS 服务器共享出来的目录挂载到本地系统中。从客户端的角度看，NFS 服务器共享出来的目录就好像是自己本地的磁盘分区或者目录一样，而实际上所有的文件系统都在服务器上面。

NFS 中的文件系统属于 NFS 服务器，而不属于客户端，这点与 iSCSI 有着本质区别。

NFS 网络文件系统类似 Windows 系统中的网络共享和网络驱动器的映射，也和 Linux 系统中的 Samba 服务类似。

在企业集群架构的工作场景中，NFS 网络文件系统一般被用来存储共享视频、图片、附件等静态资源文件。一般是把网站用户上传的文件都放在 NFS 共享文件系统中，例如，BBS 产品的图片、附件、头像等（注意，网站 BBS 程序不要放在 NFS 共享文件系统中）。这是前端所有的节点访问的存储服务之一，在中小网站公司中应用的频率更高。

Kubernetes 的存储卷支持 NFS 类型的远程存储系统，允许将一块现有的网络硬盘在同一个 Pod 内的容器间共享。

例如，当前局域网中有一个 NFS 服务器，其 IP 地址为 192.168.12.40，该服务器将一个本地的文件系统/data/dsk1 通过 NFS 协议共享给 Kubernetes 集群使用。

```
apiVersion: v1
kind: Pod
metadata:
  labels:
    name: nfsdemo
    role: master
  name: nfspathpod
```

```
spec:
  containers:
  - name: c1
    image: nginx
    volumeMounts:
    - name: nfs-storage
      mountPath: /nfs/
  volumes:
  - name: nfs-storage
    nfs:
      server: 192.168.1.40
      path: "/data/dsk1"
```

 使用 NFS 时需要在节点上安装 NFS 文件系统的相关组件,否则节点无法挂载 NFS 文件系统。

9.1.5 Secret 卷

在 Kubernetes 中,Secret 卷(秘密卷)是用来保存小片敏感数据的存储卷,例如账号、密码或者秘钥等。对于这类数据,系统管理员必须妥善保管。当然,除了妥善保管之外,还必须能够非常方便地控制如何使用。Secret 卷正是出于这种目的而设计的存储卷,相比于直接将敏感数据配置在 Pod 的定义或者镜像中,Secret 卷提供了更加安全的 Base64 加密方法,防止数据泄露。用户可以创建自己的 Secret 卷,Kubernetes 系统也会有自己的 Secret 卷。

Pod 有两种方式使用 Secret 卷,首先 Secret 卷可以作为存储卷被一个或者多个容器挂载;其次,在提取镜像文件的时候被 kubelet 引用。

Secret 卷的创建是独立于 Pod 的,以数据卷的形式挂载到 Pod 中,Secret 卷的数据将以文件的形式保存,文件中保存的是一个或者多个"键-值对"(Key-Value Pair),容器通过读取文件可以获取需要的数据。下面详细介绍如何使用 Secret 卷存储账号和密码。

创建 Secret 卷的命令如下:

```
kubectl create secret name [--type=string] [--from-file=[key=]source]
[--from-literal=key1=value1]
```

用户可以通过 3 种方式为以上命令提供参数,分别是配置文件、目录或者字符串。当通过配置文件指定参数时,配置文件的基本文件名(即去掉路径和扩展名)将被作为"键-值对"的键(Key),文件的内容将作为"键-值对"的值(Value)。例如,如果配置文件的文件名为 username.txt,内容为 admin,则对应 Secret 卷中的"键-值对"为:

```
username=admin
```

如果用户通过目录创建 Secret 卷,就指定目录中的每个常规文件的基本文件名都将作为"键-值对"的键,其内容则作为该键对应的值。

如果直接在命令行中指定"键-值对",其语法如下:

```
--from-literal=key1=supersecret --from-literal=key2=topsecret
```

其中 key1 和 key2 为"键-值对"的键,supersecret 和 topsecret 则分别为对应的值。

例如,用户在访问数据库的时候,需要使用用户名和密码,这些账户信息都要存储到 Secret 卷中,其操作步骤如下。

(1)准备两个文本文件,其文件名分别为 username.txt 和 password.txt,命令如下:

```
[root@localhost ~]# echo -n 'admin' > username.txt
[root@localhost ~]# echo -n 'd5eeff42' > password.txt
```

在上面的命令中,-n 选项表示不输出最后的换行。大于号为重定向操作符,将 echo 命令的输出结果重定向到文件中。

(2)使用 kubectl create 命令创建 Secret 卷,如下所示:

```
[root@localhost ~]# kubectl create secret generic db-secret
--from-file=./username.txt --from-file=./password.txt
```

通过上面的命令可知,用户可以使用多个 --from-file 命令来通过"键-值对"配置文件。

(3)要查看 Secret 卷,执行如下命令,命令的执行结果如下所示:

```
[root@localhost ~]# kubectl get secrets
NAME            TYPE            DATA            AGE
db-secret       Opaque          2               9m
```

从上面的输出结果可知,所创建的 Secret 卷的名称为 db-secret,类型为 Opaque,即不透明的,包含 2 个"键-值对"。

(4)要查看 Secret 卷的详细信息,执行如下命令,命令的执行结果如下所示:

```
[root@localhost ~]# kubectl describe secrets/db-secret
Name:           db-secret
Namespace:      default
Labels:         <none>
Annotations:    <none>

Type:   Opaque

Data
====
password.txt:   8 bytes
username.txt:   5 bytes
```

除了使用配置文件之外,以上操作可以通过命令行参数更加便捷地完成,相应的命令如下:

```
[root@localhost ~]# kubectl create secret generic db-secret
--from-literal=username='admin' --from-literal=password='d5eeff42'
```

当然了，作为一种 Kubernetes 资源，Secret 卷也可以通过 YAML 配置文件来创建。例如，上面的 Secret 卷的 YAML 配置文件内容如下：

```
apiVersion: v1
kind: Secret
metadata:
  name: db-secret
type: Opaque
data:
  username: admin
  password: d5eeff42
```

将上面的 YAML 配置文件保存为 db-secret.yaml，然后使用以下命令创建 Secret 卷：

```
[root@localhost ~]# kubectl create -f db-secret.yaml
```

接下来我们创建一个 Pod，用来挂载前面创建的 Secret 卷，并且使用其中存储的账号信息。该 Pod 的 YAML 配置文件的名称为 test-secret.yaml，其内容如下：

```
apiVersion: v1
kind: Pod
metadata:
  labels:
    name: test-secret
    role: master
  name: test-secret
spec:
  containers:
  - name: test-secret
    image: nginx
    volumeMounts:
      - name: secret
        mountPath: /home/iron/secret
        readOnly: true
  volumes:
  - name: secret
    secret:
      secretName: db-secret
```

在上面的配置文件中，将前面定义的 db-secret 卷挂载到容器中。然后使用以下命令创建 Pod：

```
[root@localhost ~]# kubectl create -f test-secret.yaml
```

我们再验证一下能否从容器中访问到 db-secret 卷中存储的数据。执行以下命令，查看 db-secret 卷中的文件列表，如下所示：

```
[root@localhost ~]# kubectl exec -it test-secret -c test-secret -- ls -l /home/iron/secret
total 0
lrwxrwxrwx   1   root     root       19 Mar 30 21:20    password.txt -> ..data/password.txt
lrwxrwxrwx   1   root     root       19 Mar 30 21:20    username.txt -> ..data/username.txt
```

从执行的结果可知，前面存储在 db-secret 卷中的两个文件已经被列出来了。接下来通过 cat 命令查看文件的内容：

```
[root@localhost ~]# kubectl exec -it test-secret -c test-secret -- cat /home/iron/secret/username.txt
admin[root@localhost ~]#
[root@localhost ~]# kubectl exec -it test-secret -c test-secret -- cat /home/iron/secret/password.txt
d5eeff42[root@localhost ~]#
```

9.1.6　iSCSI 卷

iSCSI 卷允许将现有的 iSCSI 磁盘挂载到用户的 Pod 中，与 emptyDir 不同的是，删除 Pod 时 emptyDir 会被删除，但 iSCSI 卷只是被卸载，内容被保留下来。

下面是一个挂载 iSCSI 卷的 Pod 的 YAML 配置文件的内容：

```yaml
apiVersion: v1
kind: Pod
metadata:
  name: iscsipd
spec:
  containers:
  - name: iscsipd-rw
    image: kubernetes/pause
    volumeMounts:
    - mountPath: "/mnt/iscsipd"
      name: iscsipd-rw
  volumes:
  - name: iscsipd-rw
    iscsi:
      targetPortal: 10.0.2.15:3260
      portals: ['10.0.2.16:3260', '10.0.2.17:3260']
      iqn: iqn.2001-04.com.example:storage.kube.sys1.xyz
      lun: 0
```

```
    fsType: ext4
    readOnly: true
```

关于更加详细的 iSCSI 存储卷的使用方法,请参考相关的技术手册,这里不再具体介绍。

9.2 持久化存储卷

上一节介绍的存储卷已经为 Kubernetes 的数据持久化提供了很好的解决方案。但是存储卷在可管理性方面存在着比较大的缺陷。于是 Kubernetes 又提出了持久化存储卷来解决这个问题。本节将详细介绍持久化存储卷的使用方法。

9.2.1 什么是持久化存储卷

通过 9.1 小节的学习,我们已经掌握了许多存储卷的使用方法。从前面的介绍可以得知,用户在使用存储卷的时候,必须首先掌握关于存储卷的各种细节。例如,在使用 NFS 存储卷的时候,用户需要知道 NFS 服务器的相关信息,例如 IP 地址,共享路径以及账号信息等。但是,在实际开发和运维过程中,Pod 通常由开发人员来管理,而存储卷通常由维护人员来管理。这会导致开发人员和维护人员的工作边界不清晰,由此产生许多管理上的问题。如果系统规模较小或者只是开发环境还可以接受。但当集群规模变大,特别是对于生产环境,考虑到效率和安全性,这就成了必须解决的问题。

持久化存储卷(PersistentVolume)正是为了解决这个管理上的问题而提出来的。持久化存储卷和节点一样,都是 Kubernetes 集群中的一种资源,也同样存在着独立的生命周期。但是,持久化存储卷和存储卷不同之处在于:持久化存储卷屏蔽了底层存储的实现细节,既便于普通用户的使用,又便于系统管理员的管理。

Kubernetes 的持久化存储卷支持非常多的类型,例如 gcePersistentDisk、AWSElasticBlockStore、AzureFile、AzureDisk、FC 存储、NFS 网络文件系统、iSCSI 以及 GlusterFS 等。每种存储类型都有各自的特点,在使用时需要根据它们各自的参数进行设置。

9.2.2 持久化存储卷请求

持久化存储卷请求(PersistentVolumeClaim)描述了普通用户对持久化存储卷的需求,由普通用户创建和维护。当普通用户需要为 Pod 分配存储资源时,就创建一个持久化存储卷请求,指明了自己所需要的存储资源的容量和访问方式等信息,Kubernetes 就会自动在集群中查找并提供符合要求的持久化存储卷,并提供给 Pod。

从上面的描述可知,在使用持久化存储卷的时候,普通用户只关心自己需要多少存储资源以及如何使用存储资源,并不需要关心这些存储资源从何而来,具体的实现方式是什么;而对于系统管理员来说,只需要根据用户提供的需求声明来创建并分配持久化存储卷即可。

9.2.3 持久化存储卷的生命周期

持久化存储卷及其请求都是 Kubernetes 的资源，有着自己的独立的生命周期。在整个生命周期中，持久化存储卷及其请求相互作用，如图 9-1 所示。

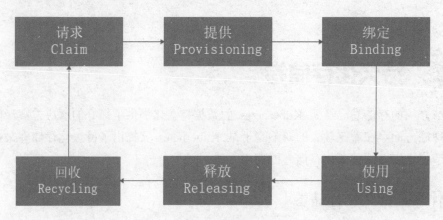

图 9-1 持久化存储卷的生命周期

1. 提供（Provisioning）

系统管理员可以通过两种方式提供持久化存储卷，分别为静态和动态：

- 静态提供（Static）：系统管理员在 Kubernetes 集群中手工创建持久化存储卷，根据用户请求提供给 Pod 使用。
- 动态提供（Dynamic）：当目前集群中没有符合用户请求的持久化存储卷的时候，集群会尝试根据用户请求动态生成存储卷。

2. 请求（Claiming）

普通用户根据自己的业务需求，在集群中创建存储资源请求，在请求中描述自己对于存储容器的需求以及访问模式。

3. 绑定（Binding）

当用户在集群中发起一个新的存储请求时，Kubernetes 的控制器会试图根据请求中的存储大小以及访问模式等条件，查找最合适的存储卷并建立绑定关系。最合适的意思是存储卷一定要满足用户请求的最低要求，但是也可能比请求的要多。例如用户请求 10GB 存储资源，但当前集群中最小的持久化存储卷都是 15GB，那么这个存储卷也会被分配给用户。

 一个持久化存储卷只能绑定给一个用户请求。

4. 使用（Using）

Pod 把持久化存储卷当作是一个普通的存储卷来使用，与前面介绍的各种存储卷的使用方法并没有明显的区别。关于持久化存储卷的详细使用方法，将在后面的章节介绍。

5. 释放（Releasing）

当用户使用完持久化存储卷后，就可以把发起的请求删除掉，绑定在该请求上面的持久化存储卷会变成已释放（released）状态，并准备被回收。

6. 回收（Recycling）

Kubernetes 会根据回收策略回收处于已释放（released）状态的持久化存储卷，目前有 3 种回收策略：

- Retained（保留）：持久化存储会保持原有数据并允许用户手动回收数据。
- Recycled（回收）：Kubernetes 会彻底删除持久化存储卷中的数据并允许该卷被绑定到其他用户请求，而数据卷不会被删除。
- Deleted（删除）：删除数据并删除存储卷。

9.2.4 持久化存储卷静态绑定

图 9-2 描述了容器、持久化存储卷请求以及持久化存储卷之间的关系。从图中可知，存储卷的静态绑定可以分为 3 个部分，其中容器应用调用存储卷请求，存储卷的请求描述了容器对于存储资源的需求（即卷需求），存储卷则是存储资源的提供者。

图 9-2 容器应用、存储卷请求以及存储卷之间的关系

下面分别按照这 3 个部分介绍持久存储卷的静态绑定。

（1）创建应用，YAML 配置文件的内容如下：

```
01  apiVersion: extensions/v1beta1
02  kind: Deployment
03  metadata:
04    name: nginx-deployment
05  spec:
06    replicas: 2
07    selector:
08      matchLabels:
09        app: nginx
10    template:
11      metadata:
12        labels:
13          app: nginx
```

```
14    spec:
15      containers:
16      - name: nginx
17        image: nginx
18        volumeMounts:
19        - name: wwwroot
20          mountPath: /usr/share/nginx/html
21        ports:
22        - containerPort: 80
23      volumes:
24      - name: wwwroot
25        persistentVolumeClaim:
26          claimName: my-pvc
```

其中，第 25~26 行定义了持久化存储请求的名称为 my-pvc。

使用以下命令创建应用：

```
[root@localhost ~]# kubectl apply -f nginx-deployment.yaml
```

其中 nginx-deployment.yaml 为上面的 YAML 配置文件的文件名。

（2）定义持久化存储请求，YAML 配置文件的内容如下：

```
01  apiVersion: v1
02  kind: PersistentVolumeClaim
03  metadata:
04    name: my-pvc
05  spec:
06    accessModes:
07    - ReadWriteMany
08    resources:
09      requests:
10        storage: 1Gi
```

其中，第 2 行指定资源的类型为 PersistentVolumeClaim。第 4 行定义持久化存储卷的名称为 my-pvc。第 7 行指定存储卷的访问模式为 ReadWriteMany。第 10 行指定卷的容量为 1GB。

使用以下命令创建资源请求，其中 my-pvc.yaml 为上面 YAML 文件的名称：

```
[root@localhost ~]# kubectl apply -f my-pvc.yaml
```

（3）定义持久化存储卷，YAML 配置文件的内容如下：

```
01  apiVersion: v1
02  kind: PersistentVolume
03  metadata:
04    name: my-pv
05  spec:
```

```
06      capacity:
07        storage: 2Gi
08      accessModes:
09        - ReadWriteMany
10      persistentVolumeReclaimPolicy: Recycle
11      nfs:
12        path: /data/dsk1
13        server: 192.168.1.141
```

第 8 行定义了存储卷的访问模式为 ReadWriteMany，这个访问模式必须与前面的 my-pvc.yaml 对存储卷需求的定义完全相同，否则，会出现无法匹配成功的错误。第 10 行定义了卷的回收策略。

创建持久化存储卷的命令如下：

```
[root@localhost ~]# kubectl apply -f pv.yaml
```

创建完成之后，通过以下命令来查看持久化存储卷的状态，如下所示：

```
[root@localhost ~]# kubectl get pv
NAME   CAPACITY  ACCESSMODES   RECLAIMPOLICY   STATUS   CLAIM             REASON   AGE
my-pv  2Gi       RWX           Recycle         Bound    default/my-pvc             56m
```

在上面的输出中，CAPACITY 为存储卷的容量，于是我们知道这个卷的容量为 2GB。ACCESSMODES 为卷的访问模式，RWX 表示可读、可写和可执行。RECLAIMPOLICY 为回收策略。STATUS 为卷的状态，其中 Bound 表示该卷已经绑定。CLAIM 为存储请求的名称，default/my-pvc 中的 default 为命名空间，my-pvc 正是我们前面定义的请求的名称。

要查看持久化存储请求的状态，执行如下命令，该命令的执行结果如下所示：

```
[root@localhost ~]# kubectl get pvc
NAME         STATUS   VOLUME   CAPACITY   ACCESSMODES   AGE
pvc/my-pvc   Bound    my-pv    2Gi        RWX           52m
```

STATUS 为请求的状态，Bound 表示该请求已经与存储卷绑定，VOLUME 为存储卷的名称，my-pv 正是我们上面定义的持久化存储卷。CAPACITY 为存储容量，其值为 2GB。我们可以发现，在前面的定义中，我们指定了所需要的容量为 1GB，但是当前集群中并没有完全符合该请求的存储卷，除了一个容量为 2GB 的 my-pv，所以 Kubernetes 就把 my-pv 提供给了 my-pvc，这也说明了 Kubernetes 在将存储请求和存储卷绑定时，采用的是最低匹配原则。ACCESSMODES 为访问模式，这个访问模式与前面定义的存储卷的访问模式一致。

最后再查看一下 Pod 的详细信息，如下所示：

```
[root@localhost ~]# kubectl describe pod nginx-deployment-3793384989-7jq4l
Name:           nginx-deployment-3793384989-7jq4l
Namespace:      default
Node:           192.168.1.122/192.168.1.122
Start Time:     Mon, 01 Apr 2019 00:01:51 +0800
```

```
    Labels:             app=nginx
                        pod-template-hash=3793384989
    Status:             Running
    IP:                 172.16.10.5
    Controllers:        ReplicaSet/nginx-deployment-3793384989
    Containers:
      nginx:
        Container ID:
docker://1fa15cbfdb6f9f0e02ab3b9fbd3c0864af4bdd30719d4636de76332b4ebe3812
        Image:          nginx
        Image ID:
docker-pullable://docker.io/nginx@sha256:8569b2ded35ade8dafe00587edd6962d05db5
084aaed3c5485d8ce168790aa07
        Port:           80/TCP
        State:          Running
          Started:      Mon, 01 Apr 2019 00:01:58 +0800
        Ready:          True
        Restart Count:  0
        Volume Mounts:
          /usr/share/nginx/html from wwwroot (rw)
        Environment Variables:    <none>
    Conditions:
      Type          Status
      Initialized   True
      Ready         True
      PodScheduled  True
    Volumes:
      wwwroot:
        Type:       PersistentVolumeClaim (a reference to a PersistentVolumeClaim in
the same namespace)
        ClaimName:  my-pvc
        ReadOnly:   false
    QoS Class:      BestEffort
    Tolerations:    <none>
    No events.
```

从上面的输出结果可知，该 Pod 的卷的类型为 PersistentVolumeClaim，其名称为 my-pvc。

9.2.5 持久化存储卷动态绑定

与静态持久化存储卷绑定相比，动态持久化存储卷绑定不需要预先创建存储卷，而是通过持久化存储卷控制器动态调度，根据用户的存储资源请求，寻找 StorageClasse 定义的符合要求的底层存储来分配资源。

动态卷供给是 Kubernetes 独有的功能，这一功能允许按需创建存储卷。在此之前，集群管理员需要事先在集群外由存储提供者或者云提供商创建好存储卷，成功之后再创建持久化存储卷对象，才能够在 Kubernetes 中使用。动态卷供给能让集群管理员不必预先创建存储卷，而是根据用户的需求进行创建。

Kubernetes 的持久化存储卷绑定采用插件的形式提供。Kubernetes 官方内置了非常多的存储供应商（Provisioner）的存储供应器，用户可以根据自己的需要来自由选择。

当然，除了内置的存储供应器之外，用户还可以选择另外的后端存储供应器。例如 NFS 或者 iSCSI 等。下面以 NFS 作为后端存储卷为例，来介绍动态绑定的方法。

在本例中，我们假定当前网络中已经有一个 NFS 服务器，该服务器的 IP 地址为 192.168.1.141，共享出来的目录为/data/dsk1。

（1）创建 Deployment。通过 git 命令克隆 Kubernetes 提供的外部存储卷供应器代码，如下所示：

```
[root@localhost ~]# git clone
https://github.com/kubernetes-incubator/external-storage
```

克隆完成之后，进入 external-storage 目录下的 nfs-client 目录，命令如下：

```
[root@localhost ~]# cd external-storage/
[root@localhost external-storage]# cd nfs-client
```

然后修改 deploy 目录中的 deployment.yaml 配置文件，代码如下：

```
01  kind: Deployment
02  apiVersion: extensions/v1beta1
03  metadata:
04    name: nfs-client-provisioner
05  spec:
06    replicas: 1
07    strategy:
08      type: Recreate
09    template:
10      metadata:
11        labels:
12          app: nfs-client-provisioner
13      spec:
14        serviceAccountName: nfs-client-provisioner
15        containers:
16          - name: nfs-client-provisioner
17            image: quay.io/external_storage/nfs-client-provisioner:latest
18            volumeMounts:
19              - name: nfs-client-root
20                mountPath: /persistentvolumes
```

```
21          env:
22          - name: PROVISIONER_NAME
23            value: fuseim.pri/ifs
24          - name: NFS_SERVER
25            value: 192.168.1.141
26          - name: NFS_PATH
27            value: /data/dsk1
28       volumes:
29       - name: nfs-client-root
30         nfs:
31           server: 192.168.1.141
32           path: /data/dsk1
```

在上面的代码中，用户需要修改的地方主要是 NFS 服务器的 IP 地址和共享目录的路径，在本例中为第 25、27、31 和 32 行。其余的保留默认值即可。修改完成之后，使用以下命令创建 Deployment：

```
[root@localhost ~]# kubectl apply -f deploy/deployment.yaml
```

（2）创建 StorageClass。修改 StorageClass 配置文件，即 deploy 目录中的 class.yaml，其代码如下：

```
apiVersion: storage.k8s.io/v1
kind: StorageClass
metadata:
  name: managed-nfs-storage
provisioner: fuseim.pri/ifs # or choose another name, must match deployment's env PROVISIONER_NAME'
parameters:
  archiveOnDelete: "false"
```

然后使用以下命令创建 StorageClass：

```
[root@localhost ~]# kubectl apply -f deploy/class.yaml
```

使用以下命令查看刚刚创建的 StorageClass 的状态，如下所示：

```
[root@localhost ~]# kubectl get storageclass
NAME                   PROVISIONER        AGE
managed-nfs-storage    fuseim.pri/ifs     97m
```

（3）授权。用户需要执行以下命令进行授权：

```
[root@localhost ~]# kubectl create -f deploy/objects/serviceaccount.yaml
[root@localhost ~]# kubectl create -f deploy/objects/clusterrole.yaml
[root@localhost ~]# kubectl create -f deploy/objects/clusterrolebinding.yaml
[root@localhost ~]# kubectl patch deployment nfs-client-provisioner -p
'{"spec":{"template":{"spec":{"serviceAccount":"nfs-client-provisioner"}}}}'
```

（4）创建持久化存储卷请求。Kubernetes 已经为用户提供了一个创建测试持久化存储卷请求的配置文件，其文件名为 deploy/test-claim.yaml，代码如下：

```
01  kind: PersistentVolumeClaim
02  apiVersion: v1
03  metadata:
04    name: test-claim
05    annotations:
06      volume.beta.kubernetes.io/storage-class: "managed-nfs-storage"
07  spec:
08    accessModes:
09      - ReadWriteMany
10    resources:
11      requests:
12        storage: 100Mi
```

上面代码的第 1 行，指定要创建的资源类型为 PersistentVolumeClaim，第 6 行通过 volume.beta.kubernetes.io/storage-class 注解，定义对应的 StorageClass 为 managed-nfs-storage。第 12 行指定请求的存储空间为 100MB。

创建请求的命令如下：

```
[root@localhost ~]# kubectl apply -f deploy/test-claim.yaml
```

创建完成后，使用以下命令查看其状态：

```
[root@localhost ~]# kubectl get pvc
NAME          STATUS   VOLUME                                     CAPACITY   ACCESS MODES   STORAGECLASS          AGE
test-claim    Bound    pvc-d2f8b670-55a2-11e9-94e5-000c29ecaa4e   100Mi      RWX            managed-nfs-storage   52m
```

我们可以发现，存储卷请求的状态已经变成 Bound，其存储容量为 100Mi，其 StorageClass 为 managed-nfs-storage。

要查看存储卷是否被自动创建，执行如下命令，命令的执行结果如下所示：

```
[root@localhost ~]# kubectl get pv
NAME                                       CAPACITY   ACCESS MODES   RECLAIM POLICY   STATUS   CLAIM                STORAGECLASS          REASON   AGE
pvc-d2f8b670-55a2-11e9-94e5-000c29ecaa4e   100Mi      RWX            Delete           Bound    default/test-claim   managed-nfs-storage            18h
```

从上面的输出结果可知，Kubernetes 根据用户请求，自动创建了一个持久化存储卷。

（5）创建测试的 Pod。修改 deploy 目录中的 test-pod.yaml 文件，代码如下：

```
01  kind: Pod
02  apiVersion: v1
```

```
03    metadata:
04      name: test-pod
05    spec:
06      containers:
07      - name: test-pod
08        image: nginx
09        command:
10          - "/bin/sh"
11        args:
12          - "-c"
13          - "touch /mnt/SUCCESS && exit 0 || exit 1"
14        volumeMounts:
15          - name: nfs-pvc
16            mountPath: "/mnt"
17      restartPolicy: "Never"
18      volumes:
19        - name: nfs-pvc
20          persistentVolumeClaim:
21            claimName: test-claim
```

在上面的代码中，第 13 行在容器创建完成之后，通过 touch 命令在/mnt 目录中创建一个名称为 SUCCESS 的文件。第 14~16 行定义存储卷的挂载，将名称为 nfs-pvc 的存储卷挂载到/mnt 上。第 18~21 行定义存储卷，其中存储卷请求引用前面定义的 test-claim。

创建 Pod 的命令如下：

```
[root@localhost ~]# kubectl apply -f deploy/test-pod.yaml
```

要查看 Pod 状态，执行如下命令，命令的执行结果如下所示：

```
[root@localhost ~]# kubectl get po
NAME                READY    STATUS      RESTARTS    AGE
…
test-pod            0/1      Completed   0           3m16s
…
```

从上面的输出结果可知，test-pod 已经处于完成状态。然后进入 NFS 服务器上的共享目录，查看是否存在 SUCCESS 文件：

```
[root@localhost ~]# ll
/data/dsk1/default-test-claim-pvc-d2f8b670-55a2-11e9-94e5-000c29ecaa4e/
total 0
-rw-r--r--    1    nfsnobody    nfsnobody    0    Apr  3 08:58
SUCCESS
```

从上面的结果可知，SUCCESS 文件已经被成功创建，这意味着 Pod 已经可以正常使用存储卷来存储数据了。同时，在整个过程中，我们并没有人工创建存储卷，只是创建了一个存储卷请求，Kubernetes 会自动根据请求创建持久化存储卷。

9.2.6 回收

用户可以通过删除持久化存储卷，来达到回收存储资源的目的。存储资源被删除之后，持久化存储卷将变成已释放（released）状态。由于存储卷还保留着之前的数据，因此这些数据需要根据不同的策略来处理，否则这些存储资源无法被其他存储资源请求再次使用而造成浪费。

对于持久化存储卷来说，用户可以指定 3 种回收策略。下面分别介绍这些回收策略的使用方法。

1. 保留（Retain）

保留回收策略允许用户手工回收资源。当存储卷被删除后，存储卷将仍然存在，只是状态将会转换为已释放（released）状态。对于其他的存储卷请求来说，处于已释放状态的存储卷是不可用的，不过以前的数据仍然保留在已释放状态的存储卷中。

我们以前面的静态绑定的持久化存储卷为例，来说明在保留策略下，删除 Pod 以及存储资源时存储卷中数据状态的变化。

首先执行以下命令，在容器内部查看存储卷中的数据，如下所示：

```
[root@localhost ~]# kubectl exec -it nginx-deployment-3793384989-p4jgf -c nginx -- ls -l /usr/share/nginx/html
total 0
-rw-r--r--    1    nobody     nogroup     0    Apr  2 23:53   a.txt
-rwxrwxrwx    1    root       root        0    Mar 30 12:12  test.txt
```

我们可以发现，在上面的存储卷中，一共有 2 个文件。

执行以下命令删除 Pod：

```
[root@localhost ~]# kubectl delete -f nginx-deployment.yaml
deployment "nginx-deployment" deleted
```

再查看存储卷是否依然存在，执行如下命令：

```
[root@localhost ~]# kubectl get pvc
NAME         STATUS     VOLUME      CAPACITY    ACCESSMODES    AGE
my-pvc       Bound      my-pv       2Gi         RWX            14m
```

从上面的结果可知，尽管 Pod 被删除了，但是存储卷依然存在。

继续删除存储卷，执行如下命令，命令的执行结果如下所示：

```
[root@localhost ~]# kubectl delete -f my-pvc.yaml
persistentvolumeclaim "my-pvc" deleted
```

再次查看存储卷的状态，执行如下命令，命令的执行结果如下所示：

```
[root@localhost ~]# kubectl get pv
NAME    CAPACITY  ACCESSMODES  RECLAIMPOLICY  STATUS    CLAIM REASON     AGE
my-pv   2Gi       RWX          Retain         Released  default/my-pvc   18m
```

我们可以发现存储卷依然存在，只是 STATUS 的值由 Bound（已绑定）变成为 Released（已释放）。

登录到 NFS 服务器，查看存储卷保存在服务器上的数据是否被删除了，执行如下命令，命令的执行结果如下所示：

```
[root@localhost ~]# ll /data/dsk1/
total 0
-rw-r--r--  1  nfsnobody   nfsnobody   0   Apr  3 07:53 a.txt
-rwxrwxrwx  1  root        root        0   Mar 30 20:12 test.txt
```

从上面的输出结果可知，在存储卷被删除的情况下，存储卷的状态转换为已释放状态，但是 Pod 存储在 NFS 服务器上的文件依然存在。

继续删除持久化存储卷，执行如下命令，命令的执行结果如下所示：

```
[root@localhost ~]# kubectl delete -f pv.yaml
persistentvolume "my-pv" deleted
```

删除完成之后，再次在 NFS 服务器上查询 Pod 存储的文件是否依然存在：

```
[root@localhost ~]# ll /data/dsk1/
total 0
-rw-r--r--  1  nfsnobody   nfsnobody   0   Apr  3 07:53 a.txt
-rwxrwxrwx  1  root        root        0   Mar 30 20:12 test.txt
```

我们可以发现，尽管持久化存储卷也被删除了，但是存储在外部存储上面的文件并没有随着存储卷的删除而被删除。这意味着在保留策略下，用户数据并不会随着相关资源的删除而被删除，其生命周期是独立的。

在数据确实不再需要的情况下，为了释放存储空间，用户需要手工在 NFS 服务器上面将文件删除。

在上面的操作中，当 Pod 被删除后，存储卷是可以重用的，也就是如果在集群中，重新创建一个 Pod，可以直接将刚才的存储卷重新挂载。但是，当存储卷被删除了，持久化存储卷的状态转换为已释放状态时，即使当前集群中存在着符合条件的请求，该存储卷也不会被绑定。在存储卷被删除的时候，如果用户想要继续访问 NFS 服务器上的文件，可以重新创建存储卷，然后重新绑定存储卷。

2. 回收（Recycle）

如果持久化存储采用了回收策略，那么在删除该卷时，存储在卷中的数据将被删除，使得存储卷可以与新的请求绑定。该策略将会在后面的版本中删除，建议使用动态绑定的方式来代替该策略。

3. 删除（Delete）

对于支持删除回收策略的存储卷插件，从集群中删除持久化存储卷的时候，也会从相关的外部设施中删除存储卷及其数据。

对于动态绑定来说，只支持删除策略。也就是说，如果采用动态绑定，在删除存储卷的时候，存储在外部存储，如 NFS 上面的所有数据都将被删除。

第 10 章

Kubernetes软件包管理

在操作系统中，用户通常通过软件包管理工具来安装或者卸载软件，例如 RPM、YUM 以及 Apt 等。通过这些软件包管理工具，可以非常方便地对当前系统中的软件包进行管理。Kubernetes 也提供了相应的软件包管理功能，即 Helm。本章将介绍 Helm 的使用方法。

本章涉及的知识点有：

- Helm：主要介绍 Helm 组件及相关术语。
- 安装 Helm：介绍 Helm 客户端、服务器端以及客户端授权等操作。
- Chart：介绍 Chart 结构。
- Helm 使用方法：主要介绍如何通过 Helm 对软件包进行管理。

10.1 Helm

Helm 是 Kubernetes 生态系统中的一个软件包管理工具。本节将介绍 Helm 中的相关概念和基本工作原理，并通过一个具体的示例来学习如何使用 Helm 打包、分发、安装、升级及回退 Kubernetes 应用。

10.1.1 Helm 相关概念

Kubernetes 是一个基于容器的应用集群管理解决方案，Kubernetes 为容器化应用提供了部署运行、资源调度、服务发现和动态扩容与缩容（即动态伸缩）等一系列的完整功能。

Kubernetes 的核心设计理念是，由用户定义用于部署应用程序的规则，而 Kubernetes 则负责按照定义的规则来部署并运行应用程序。如果应用程序出现问题导致偏离了定义的规格，Kubernetes 负责对其进行自动修正。例如，用户定义的应用规则要求部署两个 Pod，如果在运行过程中，其中一个 Pod 异常终止了，Kubernetes 会检查到并重新启动一个新的 Pod 实例。

用户通过使用 Kubernetes API 对象来描述应用程序规则，包括 Pod、Service、Volume、Namespace、ReplicaSet、Deployment 以及 Job 等。通常情况下，系统管理员在定义这些资源对象的时候，需要编辑一系列的 YAML 配置文件，然后通过 Kubernetes 命令行工具 kubectl 调用 Kubernetes API 进行部署。

以一个典型的三层应用程序 WordPress 为例,该应用程序就涉及多个 Kubernetes API 对象,而要描述这些 Kubernetes API 对象就可能要同时维护多个 YAML 文件。

因此,在进行 Kubernetes 软件部署时,系统管理员面临下述几个问题:

- 如何管理、编辑和更新这些分散的 Kubernetes 应用配置文件。
- 如何把一套相关的配置文件作为一个应用进行管理。
- 如何分发和重用 Kubernetes 的应用配置。

Helm 的出现就是为了很好地解决上面这些问题。

Helm 是一个用于 Kubernetes 应用程序的软件包管理工具,主要用来管理 Chart。有点类似于 Ubuntu 中的 APT 或 CentOS 中的 YUM。

对于应用程序的发布者而言,可以通过 Helm 把应用程序打包、管理应用程序的依赖关系、管理应用程序的版本以及把应用程序发布到软件仓库。

对于使用者而言,使用 Helm 后就不用再编写复杂的 YAML 应用部署文件,可以以简单的方式在 Kubernetes 上查找、安装、升级、回滚、卸载应用程序。

简单地讲,Helm 是一个命令行的客户端工具,主要用于 Kubernetes 应用程序的创建、打包、发布以及创建和管理本地和远程的软件仓库。

10.1.2 Tiller

Tiller 是 Helm 的服务端,部署在 Kubernetes 集群中。Tiller 用于接收 Helm 的请求,并根据 Chart 生成 Kubernetes 的部署文件,就是后面将要介绍的 Release,然后提交给 Kubernetes 创建应用。Tiller 还提供了 Release 的升级、删除、回滚等一系列功能。

10.1.3 Chart

Chart 是 Helm 所管理的软件包,采用 TAR 格式,类似于 APT 的 DEB 包或者 YUM 的 RPM 包,其包含了一组定义 Kubernetes 资源相关的 YAML 配置文件,可以在部署应用的时候自定义应用程序的一些元数据(Metadata),以便于应用程序的分发。

10.1.4 Repository

Helm 的软件仓库称为 Repository。Repository 本质上是一个 Web 服务器,该服务器保存了一系列的 Chart 软件包以供用户下载,并提供了该 Repository 所包含的 Chart 包的清单文件,以供用户查询。Helm 可以同时管理多个不同的 Repository。

10.1.5 Release

使用 helm install 命令在 Kubernetes 集群中部署的 Chart,这个操作过程被称为 Release(发行)。Release 实际上就是 Helm 为某个 Chart 创建的实例。

10.2 安装 Helm

Helm 的安装方式很多,对于初学者来说,二进制软件包的方式最为简单。本节将介绍如何采用二进制的方式安装 Helm。更多安装方法可以参考 Helm 的官方帮助文档。

10.2.1 安装客户端

用户可以通过两种方式来安装 Helm 客户端,其中一种方式是通过官方提供的脚本一键式安装,另外一种方式是手动下载二进制文件。下面分别介绍这两种安装方式。

首先介绍通过脚本一键式安装 Helm 客户端。Helm 在其官方的 GitHub 上提供了一个名为 get 的 Shell 脚本文件,其网址如下:

```
https://github.com/helm/helm/blob/master/scripts/get
```

RAW 格式代码的网址如下:

```
https://raw.githubusercontent.com/helm/helm/master/scripts/get
```

用户可以通过以下命令将其代码下载到本地:

```
[root@localhost ~]# curl https://raw.githubusercontent.com/helm/helm/master/scripts/get > get_helm.sh
```

其中 curl 命令是一个非常强大的 HTTP 客户端命令,大于号是 Shell 的重定向操作符,它的功能是将 curl 命令的输出结果保存为 get_helm.sh 文件。下载完成后,修改 get_helm.sh 文件的权限,使其可以执行,命令如下:

```
[root@localhost ~]# chmod 700 get_helm.sh
```

最后执行该脚本文件,安装 Helm 客户端:

```
[root@localhost ~]# ./get_helm.sh
```

接下来介绍通过手动下载预编译的二进制文件来安装 Helm 客户端。Helm 二进制包的网址为:

```
https://github.com/helm/helm/releases/latest
```

Helm 为多种平台发布了预先编译好的二进制文件,如图 10-1 所示。

第 10 章　Kubernetes 软件包管理

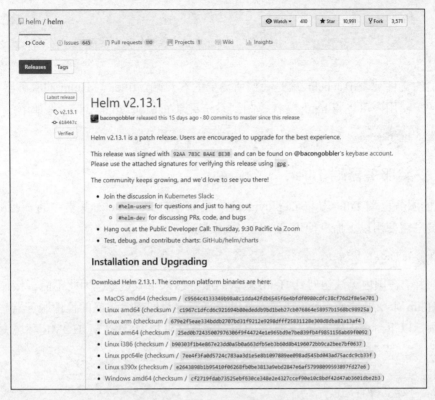

图 10-1　Helm 的二进制软件包

用户可以根据自己的实际环境下载所需要的版本。在本例中，我们采用的是 64 位的 CentOS，所以对应的软件包的网址如下：

```
https://storage.googleapis.com/kubernetes-helm/helm-v2.13.1-linux-amd64.tar.gz
```

找到所需的软件包之后，使用以下命令将其下载到本地：

```
[root@localhost ~]# wget https://storage.googleapis.com/kubernetes-helm/helm-v2.13.1-linux-amd64.tar.gz
```

然后使用以下命令将其解压缩：

```
[root@localhost ~]# tar -zxvf helm-v2.13.1-linux-amd64.tar.gz
```

解压缩得到的目录名称为 linux-amd64，要查看它的内容，执行如下命令：

```
[root@localhost ~]# ll linux-amd64/
total 72332
-rwxr-xr-x    1   root      root      37161248    Mar 22 02:44 helm
-rw-r--r--    1   root      root      11343       Mar 22 02:45 LICENSE
-rw-r--r--    1   root      root      3204        Mar 22 02:45
```

173

```
README.md
-rwxr-xr-x  1 root      root         36886016    Mar 22 02:45
tiller
```

在上面的文件列表中，helm 就是我们所需要的客户端，tiller 为 Helm 的服务器端。

为了便于使用，可以将 helm 文件复制到系统目录/usr/local/bin 中，命令如下：

```
[root@localhost ~]# cp linux-amd64/helm /usr/local/bin/
```

10.2.2 安装服务器端 Tiller

Helm 的服务器端 Tiller 是以 Deployment 方式部署在 Kubernetes 集群中的。通常情况下，系统管理员只需使用以下命令便可简单地完成安装：

```
[root@localhost ~]# helm init
```

不过，由于在国内无法访问到 Helm 默认的服务器来下载镜像，因此不能直接使用以上命令。但是 Helm 命令提供了一个-i 选项，可以用来指定我们想要访问的镜像服务器。

首先执行以下命令创建 helm 客户端的相关配置文件以及$HELM_HOME 环境变量：

```
[root@localhost ~]# helm init --client-only --stable-repo-url
https://aliacs-app-catalog.oss-cn-hangzhou.aliyuncs.com/charts/
Creating /root/.helm
Creating /root/.helm/repository
Creating /root/.helm/repository/cache
Creating /root/.helm/repository/local
Creating /root/.helm/plugins
Creating /root/.helm/starters
Creating /root/.helm/cache/archive
Creating /root/.helm/repository/repositories.yaml
Adding stable repo with URL:
https://aliacs-app-catalog.oss-cn-hangzhou.aliyuncs.com/charts/
Adding local repo with URL: http://127.0.0.1:8879/charts
$HELM_HOME has been configured at /root/.helm.
Not installing Tiller due to 'client-only' flag having been set
Happy Helming!
```

增加一个国内的阿里云的软件仓库，执行如下命令，命令的执行结果如下所示：

```
[root@localhost ~]# helm repo add incubator
https://aliacs-app-catalog.oss-cn-hangzhou.aliyuncs.com/charts-incubator/
"incubator" has been added to your repositories
[root@localhost ~]# helm repo update
Hang tight while we grab the latest from your chart repositories...
...Skip local chart repository
...Successfully got an update from the "stable" chart repository
```

```
...Successfully got an update from the "incubator" chart repository
Update Complete. ⎈ Happy Helming!⎈
```

创建 Helm 服务端，通过 -i 选项指定国内的 Docker 镜像服务器：

```
[root@localhost ~]# helm init --service-account tiller --upgrade -i
registry.cn-hangzhou.aliyuncs.com/google_containers/tiller:v2.13.1
--stable-repo-url https://kubernetes.oss-cn-hangzhou.aliyuncs.com/charts
  $HELM_HOME has been configured at /root/.helm.

  Tiller (the Helm server-side component) has been installed into your Kubernetes Cluster.

  Please note: by default, Tiller is deployed with an insecure 'allow unauthenticated users' policy.
  To prevent this, run `helm init` with the --tiller-tls-verify flag.
  For more information on securing your installation see: https://docs.helm.sh/using_helm/#securing-your-helm-installation
  Happy Helming!
```

启用 TLS 认证，执行如下命令，命令的执行结果如下所示：

```
[root@localhost ~]# helm init --service-account tiller --upgrade -i
registry.cn-hangzhou.aliyuncs.com/google_containers/tiller:v2.13.1
--tiller-tls-cert /etc/kubernetes/ssl/tiller001.pem --tiller-tls-key
/etc/kubernetes/ssl/tiller001-key.pem --tls-ca-cert /etc/kubernetes/ssl/ca.pem
--tiller-namespace kube-system --stable-repo-url
https://kubernetes.oss-cn-hangzhou.aliyuncs.com/charts
  $HELM_HOME has been configured at /root/.helm.

  Tiller (the Helm server-side component) has been upgraded to the current version.
  Happy Helming!
```

这里需要说明的是，由于 Kubernetes 和 Docker 的很多资源都没有办法通过官方网站直接获得，因此在上面的命令中，我们使用 -i 选项指定国内的阿里云的镜像服务器。

实际上，Tiller 是部署在 Kubernetes 集群中的 kube-system 命名空间下的 Deployment，它会通过调用 kube-api，在 Kubernetes 集群里创建和删除应用。

而从 Kubernetes 1.6 版本开始，API Server 启用了 RBAC 授权。目前的 Tiller 在部署时默认没有定义授权的 ServiceAccount，这会导致访问 API Server 时被拒绝，所以我们需要明确为 Tiller 部署添加授权，执行如下命令，命令的执行结果如下所示：

```
[root@localhost ~]# kubectl create serviceaccount --namespace kube-system tiller
  serviceaccount "tiller" created
```

使用以下命令为 Tiller 设置 ServiceAccount：

```
[root@localhost ~]# kubectl patch deploy --namespace kube-system tiller-deploy
-p '{"spec":{"template":{"spec":{"serviceAccount":"tiller"}}}}'
"tiller-deploy" patched
```

由于 Tiller 是以 Pod 的形式运行的，因此用户可以通过 kubectl 命令查看它的状态，执行如下命令，命令的执行结果如下所示：

```
[root@localhost ~]# kubectl get po --namespace=kube-system
NAME                              READY   STATUS    RESTARTS   AGE
…
tiller-deploy-7cb87ddf7d-zxhdt    1/1     Running   4          2d14h
```

从上面的结果可知，Tiller 已经处于运行状态，表示已经安装成功。

此时，用户可以通过以下命令来查看 Helm 的客户端和服务器的版本：

```
[root@localhost ~]# helm version
Client: &version.Version{SemVer:"v2.13.1", GitCommit:"618447cbf203d147601b4b9bd7f8c37a5d39fbb4", GitTreeState:"clean"}
Server: &version.Version{SemVer:"v2.13.1", GitCommit:"618447cbf203d147601b4b9bd7f8c37a5d39fbb4", GitTreeState:"clean"}
```

10.3 Chart 文件结构

Helm 使用称为 Chart 的软件包格式。Chart 是描述一组相关的 Kubernetes 资源的文件集合。有了 Chart 格式，系统管理员可以很方便地在 Kubernetes 中部署应用。本节将介绍 Chart 的文件结构。

从本质上讲，Chart 软件包实际上就是一个 tar 归档文件。为了研究 Chart 包的具体结构，用户可以从软件仓库中下载一个已经打包好的 Chart。Helm 提供了一个 helm fetch 命令，可将 Chart 包从远程软件仓库中下载到本地。例如，下面的命令将 WordPress 下载到本地电脑中：

```
[root@localhost ~]# helm fetch stable/wordpress
```

下载完成后，要查看下载到的文件信息，执行如下命令：

```
[root@localhost ~]# ll
total 26728
…
-rw-r--r--    1 root    root    14481   Apr 8 08:40 wordpress-0.8.8.tgz
…
```

从上面的输出结果可知，提供 helm fetch 命令下载到的 Chart 包，它的名称为 wordpress-0.8.8.tgz，其中，.tgz 表示该文件是经过 tar 和 gzip 压缩后的文件。

用户可以通过 tar 命令将这个文件解压缩出来，命令如下：

```
[root@localhost ~]# tar -zxvf wordpress-0.8.8.tgz
```

解压缩之后得到的目录名为 wordpress，其结构如下：

```
[root@localhost ~]# ll wordpress
total 36
drwxr-xr-x  3  root      root      21      Apr  8 08:37    charts
-rwxr-xr-x  1  root      root      443     Jan  1 1970     Chart.yaml
-rwxr-xr-x  1  root      root      13062   Jan  1 1970     README.md
-rwxr-xr-x  1  root      root      233     Jan  1 1970     requirements.lock
-rwxr-xr-x  1  root      root      173     Jan  1 1970     requirements.yaml
drwxr-xr-x  3  root      root      206     Apr  8 08:45    templates
-rwxr-xr-x  1  root      root      6768    Jan  1 1970     values.yaml
```

从上面的输出结果可知，一个 Chart 包的内容主要包括 Chart.yaml 和 requirements.yaml 等配置文件，以及 charts 和 templates 等目录。

10.4 使用 Helm

Helm 的使用包括软件仓库的管理、查找 Chart、安装 Chart、查看已安装的 Chart 以及删除 Chart 等操作。下面分别介绍这些操作的使用方法。

10.4.1 软件仓库的管理

在默认情况下，Helm 会提供两个软件仓库，一个名称为 stable，其网址如下：

```
https://kubernetes-charts.storage.googleapis.com
```

另外一个名称为 local，其网址如下：

```
http://127.0.0.1:8879/charts
```

由于第一个网址无法访问，因此系统管理员通常需要更换默认的软件仓库网址。

删除软件仓库需要使用 helm repo remove 命令，例如以下命令删除名称为 stable 的软件仓库：

```
[root@localhost ~]# helm repo remove stable
```

添加软件仓库使用 helm repo add 命令，该命令接受 2 个参数，第 1 个为软件仓库的名称，第 2 个为软件仓库的地址。例如，下面的命令把国内的阿里云镜像添加为默认的 **stable** 软件仓库：

```
[root@localhost ~]# helm repo add stable https://kubernetes.oss-cn-hangzhou.aliyuncs.com/charts
```

修改完软件仓库的配置之后，需要更新软件仓库的内容，执行如下命令，命令的执行结果如下所示：

```
[root@localhost ~]# helm repo update
Hang tight while we grab the latest from your chart repositories...
...Skip local chart repository
...Successfully got an update from the "incubator" chart repository
...Successfully got an update from the "stable" chart repository
Update Complete. ⎈ Happy Helming!⎈
```

10.4.2　查找 Chart

搜索远程软件仓库中的 Chart 需要使用 search 命令，如果没有提供参数，就会列出所有的 Chart，如下所示：

```
[root@localhost ~]# helm search
NAME                     CHART VERSION    APP VERSION    DESCRIPTION
...
incubator/mysql-broker   0.1.0                           A Helm chart for Kubernetes
incubator/mysqlha        0.3.0            5.7.13         MySQL cluster with a single...
stable/aerospike         0.1.7            v3.14.1.2      A Helm chart for Aerospike...
stable/anchore-engine    0.1.3            0.1.6          Anchore container analysis...
stable/artifactory       7.0.3            5.8.4          Universal Repository...
stable/artifactory-ha    0.1.0            5.8.4          Universal Repository...
stable/bitcoind          0.1.0            0.15.1         Bitcoin is an innovative payment network and a new kind o...
...
```

helm search 命令也支持关键字查询，例如，下面的命令查找名称中包含 mysql 的 Chart：

```
[root@localhost ~]# helm search mysql
NAME                     CHART VERSION    APP VERSION DESCRIPTION
incubator/mysql-broker   0.1.0                        A Helm chart for Kubernetes
```

```
    incubator/mysqlha                0.3.0           5.7.13      MySQL cluster
with a single...
    stable/mysql                     0.3.5                       Fast, reliable,
scalable, and..
    stable/percona                   0.3.0                       free, fully
compatible,...
    stable/percona-xtradb-cluster    0.0.2           5.7.19      free, fully
compatible,...
    stable/gcloud-sqlproxy           0.2.3                       Google Cloud SQL
Proxy
    stable/mariadb                   2.1.6           10.1.31     Fast, reliable,
scalable,...
```

在上面的输出列表中，NAME 为 Chart 的名称，斜线前面为软件仓库的名称，后面为 Chart 的名称。CHART VERSION 为 Chart 的版本号，APP VERSION 为 Chart 所包含的软件对应的版本号。例如，incubator/mysqlha 的 Chart 版本号为 0.3.0，该 Chart 中的 MySQL 的版本号为 5.7.13。

对于某个具体的 Chart，用户可以通过 helm inspect 命令查看它的详细信息，执行如下命令，命令的执行结果如下所示：

```
[root@localhost ~]# helm inspect stable/mysql
description: Fast, reliable, scalable, and easy to use open-source relational database
    system.
engine: gotpl
home: https://www.mysql.com/
icon: https://www.mysql.com/common/logos/logo-mysql-170x115.png
keywords:
- mysql
- database
- sql
maintainers:
- email: viglesias@google.com
  name: Vic Iglesias
name: mysql
sources:
- https://github.com/kubernetes/charts
- https://github.com/docker-library/mysql
version: 0.3.5

---
## mysql image version
## ref: https://hub.docker.com/r/library/mysql/tags/
```

```
##
image: "mysql"
imageTag: "5.7.14"

## Specify password for root user
##
## Default: random 10 character string
# mysqlRootPassword: testing

## Create a database user
##
# mysqlUser:
# mysqlPassword:

## Allow unauthenticated access, uncomment to enable
##
# mysqlAllowEmptyPassword: true

## Create a database
##
# mysqlDatabase:
...
```

10.4.3 安装 Chart

Chart 的安装需要使用 helm install 命令，该命令的基本语法如下：

```
helm install [chart] [flags]
```

其中，chart 为要安装的 Chart 的名称，flags 为一系列的选项。常用的选项有：

- --name: 指定 Chart 的名称。
- --set: 该选项为一组"键-值对"，用来覆盖 Chart 的配置文件中默认的配置选项。
- -f: 通过 YAML 配置文件覆盖默认选项。

例如，下面的命令安装 stable 软件仓库中的 mysql：

```
[root@localhost ~]# helm install --name mysql --set persistence.storageClass=managed-nfs-storage stable/mysql
NAME:   mysql
LAST DEPLOYED: Sun Apr  7 23:49:44 2019
NAMESPACE: default
STATUS: DEPLOYED


RESOURCES:
==> v1/PersistentVolumeClaim
```

```
NAME              STATUS   VOLUME  CAPACITY  ACCESS MODES  STORAGECLASS         AGE
mysql-mysql       Pending                                  managed-nfs-storage  0s

==> v1/Pod(related)
NAME                          READY       STATUS      RESTARTS      AGE
mysql-mysql-549d644d4-lmvzl   0/1         Pending     0             0s

==> v1/Secret
NAME              TYPE       DATA    AGE
mysql-mysql                  Opaque  2      0s

==> v1/Service
NAME              TYPE          CLUSTER-IP       EXTERNAL-IP    PORT(S)     AGE
mysql-mysql       ClusterIP     10.97.230.202    <none>         3306/TCP
 0s

==> v1beta1/Deployment
NAME              READY    UP-TO-DATE     AVAILABLE    AGE
mysql-mysql       0/1      1              0            0s


NOTES:
MySQL can be accessed via port 3306 on the following DNS name from within your
cluster:
mysql-mysql.default.svc.cluster.local

To get your root password run:

    MYSQL_ROOT_PASSWORD=$(kubectl get secret --namespace default mysql-mysql -o
jsonpath="{.data.mysql-root-password}" | base64 --decode; echo)

To connect to your database:

1. Run an Ubuntu pod that you can use as a client:

    kubectl run -i --tty ubuntu --image=ubuntu:16.04 --restart=Never -- bash -il

2. Install the mysql client:

    $ apt-get update && apt-get install mysql-client -y

3. Connect using the mysql cli, then provide your password:
    $ mysql -h mysql-mysql -p
```

```
To connect to your database directly from outside the K8s cluster:
    MYSQL_HOST=127.0.0.1
    MYSQL_PORT=3306

    # Execute the following commands to route the connection:
    export POD_NAME=$(kubectl get pods --namespace default -l "app=mysql-mysql" -o jsonpath="{.items[0].metadata.name}")
    kubectl port-forward $POD_NAME 3306:3306

    mysql -h ${MYSQL_HOST} -P${MYSQL_PORT} -u root -p${MYSQL_ROOT_PASSWORD}
```

在上面的命令中，通过--set 选项将新建的 Pod 的 persistence.storageClass 指定为前面创建的 managed-nfs-storage，这样的话，就可以动态为 Pod 提供存储资源了。

接下来，我们验证一下 Kubernetes 的各种资源是否已经自动创建。

首先是检查 Service 是否被创建，执行如下命令，该命令的执行结果如下所示：

```
[root@localhost ~]# kubectl get svc -o wide
  NAME         TYPE        CLUSTER-IP      EXTERNAL-IP   PORT(S)     AGE
SELECTOR
  kubernetes   ClusterIP   10.96.0.1       <none>        443/TCP     5d15h
<none>
  mysql-mysql  ClusterIP   10.97.230.202   <none>        3306/TCP    46m
app=mysql-mysql
```

从上面的执行结果可知，当前集群中已经自动创建了一个名称为 mysql-mysql 的 Service，并且其 SELECTOR 为 mysql-mysql。

然后再查看一下 Deployment 的情况，执行如下命令，该命令的执行结果如下所示：

```
[root@localhost ~]# kubectl get deployments -o wide
  NAME          READY   UP-TO-DATE   AVAILABLE   AGE   CONTAINERS
IMAGES         SELECTOR
  mysql-mysql   1/1     1            1           49m   mysql-mysql
mysql:5.7.14   app=mysql-mysql
```

从上面的输出结果可知，一个名称为 mysql-mysql 的 Deployment 已经被自动创建，并且其 SELECTOR 定义为 mysql-mysql，这个标签选择器名称与前面的 Service 中的选择器一致。

然后再查看一下 Pod 的创建情况，执行如下命令，该命令的执行结果如下所示：

```
[root@localhost ~]# kubectl get pod
NAME                                          READY   STATUS    RESTARTS   AGE
mysql-mysql-549d644d4-lmvzl                   1/1     Running   0          35m
nfs-client-provisioner-77d69555bd-hw9md       1/1     Running   2          4d16h
```

在上面的输出结果中，名称为 mysql-mysql-549d644d4-lmvzl 的 Pod 就是刚才自动创建的 Pod。

最后检查一下持久化存储卷请求是否被自动创建，执行如下命令，该命令的执行结果如下所示：

```
[root@localhost ~]# kubectl get pvc
NAME           STATUS    VOLUME                                      CAPACITY
ACCESS MODES   STORAGECLASS         AGE
mysql-mysql    Bound     pvc-c375de9c-594c-11e9-9c6f-000c29ecaa4e    8Gi
RWO            managed-nfs-storage  58m
```

从上面的介绍可以看到，通过 Helm，用户可以非常方便地部署一个 MySQL 的应用，并且不需要编辑和管理众多的 YAML 配置。

10.4.4 查看已安装 Chart

Helm 通过 helm ls 命令查看当前系统中已经安装的 Chart 列表，也就是 Release 的列表。如果没有使用任何命令选项，那么该命令默认列出已经成功部署或者失败的 Release 项，执行如下命令，该命令的执行结果如下所示：

```
[root@localhost ~]# helm ls
NAME    REVISION  UPDATED                   STATUS    CHART APP VERSION
NAMESPACE
mysql   1         Sun Apr  7 23:49:44 2019  DEPLOYED  mysql-0.3.5 default
```

如果想要查看所有的 Release，则可以使用-a 选项。通过该选项，可以列出所有状态为 Release 的项，包括被删除的。

```
[root@localhost ~]# helm list -a
NAME           REVISION   UPDATED                    STATUS   CHART APP VERSION
NAMESPACE
dusty-moose    1          Sun Apr  7 23:03:39 2019   DELETED  mysql-0.3.5
default
mysql          1          Sun Apr  7 23:49:44 2019   DEPLOYED mysql-0.3.5
default
…
```

在上面的输出结果中，我们可以发现第 1 行的 STATUS 为 DELETED，表示该 Release 已经被删除。

10.4.5 删除 Release

对于不再需要的 Release，系统管理员可以将其删除，删除命令为 helm delete：

```
helm delete [flags] release_name
```

比如，需要删除 Name 为 ill-rottweiler 的 Release，执行如下命令，命令的执行结果如下所示：

```
[root@localhost ~]# helm delete ill-rottweiler
release "ill-rottweiler" deleted
```

执行以上命令之后，Release 的状态就变成了 DELETED。但是，该 Release 仍然存在于 Kubernetes 系统中，Release 的名称仍然不能被新的 Release 所使用。如果想要彻底将其删除，可以使用--purge 选项，执行如下命令，该命令的执行结果如下所示：

```
[root@localhost ~]# helm delete ill-rottweiler --purge
release "ill-rottweiler" deleted
```

第 11 章

◀ Kubernetes网络管理 ▶

Kubernetes 网络之间如何通信、有哪些接口、可选的方案有几种？这些问题将在本章说明。Kubernetes 网络实现包括 Pod 内部的容器之间、Pod 之间、Pod 与服务之间以及集群与外部网络之间的通信。为了解决容器的跨主机通信问题，本章还讲解了专为 Kubernetes 定制的三层网络解决方案 Flannel。

本章涉及的知识点有：

- Kubernetes 网络基础：主要介绍 Kubernetes 网络模型、iptables/netfilter、路由等。
- Kubernetes 网络方案：介绍 Kubernetes 集群中容器到容器的通信以及 Pod 之间的通信等。
- 网络实例分析：通过一个具体的实例来介绍 Kubernetes 集群中从 Pod 到 Service 的网络实现。
- Flannel：主要介绍 CNI 网络模型概念、CNI 网络规范以及 CNI 插件。

11.1 Kubernetes 网络基础

Kubernetes 集群的主要功能是提供各种网络服务。在前面的第 7 章和第 8 章中，读者已经初步接触到了 Kubernetes 的网络设置。本节将详细介绍 Kubernetes 的网络基础知识。

11.1.1 Kubernetes 网络模型

在 Kubernetes 中，IP 地址的分配是以 Pod 为单位进行分配的，即每个 Pod 都有一个独立的 IP 地址。而在同一个 Pod 内部，不管有多少个容器，都共享同一个网络命名空间，即 IP 地址、网络设备以及各项网络配置都是共享的。因此，Kubernetes 的网络模型被称为 IP-per-Pod。总的说来，Kubernetes 的网络模型符合以下规则：

（1）在集群中，每个 Pod 都拥有一个独立的 IP 地址，而且假定所有 Pod 都在一个可以直接连通的、扁平的网络空间中，不管是否运行在同一个 Node 节点上，都可以通过 Pod 的 IP 来访问。

（2）Kubernetes 中 Pod 的 IP 分配是以 Pod 为单位进行的，同一个 Pod 内所有的容器共享一个网络协议栈，该模型称为 IP-per-Pod 模型。

（3）从端口分配、域名解析、服务发现、负载均衡以及应用配置等角度来看，Pod 都可以看作是一台独立的虚拟机或者物理机。

（4）所有的容器都可以直接同别的容器通信，而不用通过 NAT（网络地址转换）。

在 Kubernetes 的网络模型中，有以下几个概念非常重要。

11.1.2　命名空间

命名空间是 Linux 系统中用来隔离资源的一种方式。如果把 Linux 操作系统比作一个大房子，那么命名空间指的就是这个房子中的一个个小房间，住在每个房间里的人都自以为独享了整个房子的资源，但其实大家仅仅只是在共享的基础之上互相隔离而已。这里的共享指的是共享全局的资源，而隔离指的是局部上彼此分隔开，因而命名空间的本质就是指一种在空间上隔离的概念，当下流行的许多容器虚拟化技术，例如 Docker，就是基于 Linux 命名空间的概念。

网络命名空间用来隔离各种网络资源，例如 IP 地址、路由、网络接口等。后台进程可以运行在不同命名空间内的相同端口上。每个网络命名空间都有自己的路由表，它自己的 iptables 设置提供 NAT 和过滤。Linux 网络命名空间还提供了在网络命名空间内运行进程的功能。

11.1.3　veth 网络接口

veth 就是虚拟以太网设备，它都是成对出现的，一端连着网络协议栈，一端彼此相互连接着，如图 11-1 所示。

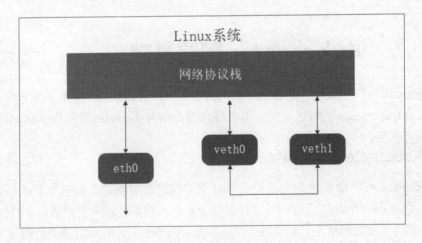

图 11-1　veth 网络接口

正因为有这个特性，veth 常常充当着一个桥梁，连接着各种虚拟网络设备。其中，最常见的情况就是连接两个命名空间或者作为容器之间的连接等。

在 Linux 系统中，系统管理员可以通过 ip 命令来查看当前系统中的 veth，执行如下命令，该命令的执行结果如下所示：

```
[root@localhost ~]# ip link show
```

```
    1: lo: <LOOPBACK,UP,LOWER_UP> mtu 65536 qdisc noqueue state UNKNOWN mode DEFAULT
group default qlen 1000
        link/loopback 00:00:00:00:00:00 brd 00:00:00:00:00:00
    2: ens33: <BROADCAST,MULTICAST,UP,LOWER_UP> mtu 1500 qdisc pfifo_fast state UP
mode DEFAULT group default qlen 1000
        link/ether 00:0c:29:ec:aa:4e brd ff:ff:ff:ff:ff:ff
    3: docker0: <NO-CARRIER,BROADCAST,MULTICAST,UP> mtu 1500 qdisc noqueue state
DOWN mode DEFAULT group default
        link/ether 02:42:fc:eb:a7:0d brd ff:ff:ff:ff:ff:ff
    4: flannel.1: <BROADCAST,MULTICAST,UP,LOWER_UP> mtu 1450 qdisc noqueue state
UNKNOWN mode DEFAULT group default
        link/ether d2:24:3b:4c:66:f6 brd ff:ff:ff:ff:ff:ff
    5: cni0: <BROADCAST,MULTICAST,UP,LOWER_UP> mtu 1450 qdisc noqueue state UP mode
DEFAULT group default qlen 1000
        link/ether 5a:c6:c4:a4:da:4d brd ff:ff:ff:ff:ff:ff
    6: veth45f4a23e@if3: <BROADCAST,MULTICAST,UP,LOWER_UP> mtu 1450 qdisc noqueue
master cni0 state UP mode DEFAULT group default
        link/ether 1e:dd:b2:61:d6:91 brd ff:ff:ff:ff:ff:ff link-netnsid 0
    8: veth0175a568@if3: <BROADCAST,MULTICAST,UP,LOWER_UP> mtu 1450 qdisc noqueue
master cni0 state UP mode DEFAULT group default
        link/ether 9a:c7:42:a0:2f:14 brd ff:ff:ff:ff:ff:ff link-netnsid 2
    9: vethe77105f4@if3: <BROADCAST,MULTICAST,UP,LOWER_UP> mtu 1450 qdisc noqueue
master cni0 state UP mode DEFAULT group default
        link/ether 0e:dd:5c:0f:59:59 brd ff:ff:ff:ff:ff:ff link-netnsid 1
```

在上面的输出中，编号为 6、8 和 9 的网络设备即为 veth。

11.1.4 netfilter/iptables

netfilter 运行在内核模式中，并负责在内核中执行各种数据包过滤规则。iptables 是在用户模式下运行的进程，负责协助维护一系列数据包过滤规则表，通过二者的配合来实现整个 Linux 网络协议栈中灵活的数据包处理机制。

11.1.5 网桥

网桥是一个二层网络设备，通过网桥可以将 Linux 支持的不同端口连接起来，并实现类似交换机那样的多对多通信。

11.1.6 路由

Linux 系统包含一个完整的路由功能，当 IP 层在处理数据发送或转发的时候，会使用路由表来决定发往哪里。在 CentOS 中，用户可以通过 ip route 命令查看当前系统的路由表，执行如下命令，该命令的执行结果如下所示：

```
[root@localhost ~]# ip route show
default via 192.168.21.2 dev ens33 proto dhcp metric 100
172.17.0.0/16 dev docker0 proto kernel scope link src 172.17.0.1
192.168.21.0/24 dev ens33 proto kernel scope link src 192.168.21.135 metric 100
```

其中，第 2 条规则的意思是：所有 docker0 接口收到的、发往 172.17.0.0/16 网段的数据包都由本机处理。

11.2 Kubernetes 网络实现

在实际应用场景中，Kubernetes 集群的网络拓扑比较复杂，涉及 Pod 内部的容器之间、Pod 之间、节点之间、Service 与 Pod 之间以及集群与外部网络之间的通信。本节将详细介绍这些通信的实现方式。

11.2.1 Docker 与 Kubernetes 网络比较

图 11-2 展示了 Kubernetes 集群中的三种 IP 地址和三种网络的概念。为了便于理解，可以将节点的 IP 地址比作 TCP/IP 网络中的第二层地址，即 MAC 地址，通过它去寻找物理节点。而这个地址通常对 Kubernetes 里的 Pod 来说是透明的，也就是不用知道其他 Pod 的节点 IP 地址，通过 Pod 的 IP 地址就能访问到。因此 Pod IP 地址可以看成是网络结构中的三层 IP 地址。而 ClusterIP 更像是一个域名，不用知道背后到底有哪些 Pod，它们又分布在哪里。

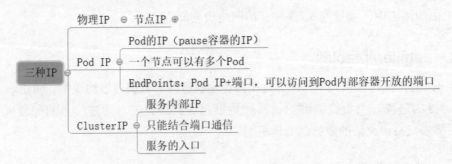

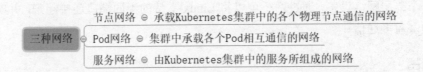

图 11-2　Docker 与 Kubernetes 网络比较

1. Docker 网络实现

用过 Docker 的人基本都知道，启动 docker engine 后，主机的网络设备中会有一个 docker0

的网关，而容器在默认情况下会被分配在一个以 docker0 为网关的虚拟子网中。

```
[root@localhost ~]# ip address show
1: lo: <LOOPBACK,UP,LOWER_UP> mtu 65536 qdisc noqueue state UNKNOWN group default qlen 1000
    link/loopback 00:00:00:00:00:00 brd 00:00:00:00:00:00
    inet 127.0.0.1/8 scope host lo
       valid_lft forever preferred_lft forever
    inet6 ::1/128 scope host
       valid_lft forever preferred_lft forever
2: ens33: <BROADCAST,MULTICAST,UP,LOWER_UP> mtu 1500 qdisc pfifo_fast state UP group default qlen 1000
    link/ether 00:0c:29:b3:76:16 brd ff:ff:ff:ff:ff:ff
    inet 192.168.21.137/24 brd 192.168.21.255 scope global noprefixroute ens33
       valid_lft forever preferred_lft forever
    inet6 fe80::ce7b:a6d7:32d0:e630/64 scope link noprefixroute
       valid_lft forever preferred_lft forever
3: docker0: <BROADCAST,MULTICAST,UP,LOWER_UP> mtu 1500 qdisc noqueue state UP group default
    link/ether 02:42:da:e7:0b:a3 brd ff:ff:ff:ff:ff:ff
    inet 172.17.2.1/24 scope global docker0
       valid_lft forever preferred_lft forever
    inet6 fe80::42:daff:fee7:ba3/64 scope link
       valid_lft forever preferred_lft forever
```

实际上，docker0 是一个虚拟网桥，工作在第二层网络。也可以为它配置 IP，让它工作在三层网络。通过 docker0，将各个容器连接起来。

2. Kubernetes 网络实现

Docker 默认的网络是为了让同一台宿主机中的 Docker 容器之间进行通信而设计的，Kubernetes 的 Pod 需要跨主机与其他 Pod 通信，所以需要设计一套让不同节点的 Pod 实现透明通信，即不通过 NAT 的机制。

下面的命令显示了同一个 Pod 中不同容器的信息。其中，pause 容器的信息如下：

```
[root@localhost ~]# docker inspect 3b393a9399ce
[
    {
        "Id": "3b393a9399ce0449009226396a284e3ec34a9f1d2b089f43834691537ef19978",
        "Created": "2019-04-14T09:16:49.31267411Z",
        "Path": "/usr/bin/pod",
        "NetworkSettings": {
            "Bridge": "",
```

```
            "SandboxID":
"c442d814bbd33ab591bbc5f5723854e83f82a6f0ce217f19a3aeb47f02969e1a",
            "HairpinMode": false,
            "LinkLocalIPv6Address": "",
            "LinkLocalIPv6PrefixLen": 0,
            "Ports": {},
            "SandboxKey": "/var/run/docker/netns/c442d814bbd3",
            "SecondaryIPAddresses": null,
            "SecondaryIPv6Addresses": null,
            "EndpointID":
"e8b14fbc821772e575a60d94bfe8de5ea0970db9c9c61633ffa6c97bdbd9ee96",
            "Gateway": "172.17.2.1",
            "GlobalIPv6Address": "",
            "GlobalIPv6PrefixLen": 0,
            "IPAddress": "172.17.2.2",
            "IPPrefixLen": 24,
            "IPv6Gateway": "",
            "MacAddress": "02:42:ac:11:02:02",
            "Networks": {
                "bridge": {
                    "IPAMConfig": null,
                    "Links": null,
                    "Aliases": null,
                    "NetworkID":
"d73b68325814201b064bcbd5903bcf01c34f778620172a1ad229792292dffd4f",
                    "EndpointID":
"e8b14fbc821772e575a60d94bfe8de5ea0970db9c9c61633ffa6c97bdbd9ee96",
                    "Gateway": "172.17.2.1",
                    "IPAddress": "172.17.2.2",
                    "IPPrefixLen": 24,
                    "IPv6Gateway": "",
                    "GlobalIPv6Address": "",
                    "GlobalIPv6PrefixLen": 0,
                    "MacAddress": "02:42:ac:11:02:02"
                }
            }
        }
```

而另外一个普通的容器的信息如下：

```
[root@localhost ~]# docker inspect c34c09ad53f3
[
    {
        "Id":
```

```
"c34c09ad53f3b636c0c65567041355713c03ef207fb955482a0c8bd3c3676878",
            "Created": "2019-04-14T09:17:01.972754623Z",
            "Path": "catalina.sh",
            "Args": [
                "run"
            ],
            "State": {
                "Status": "running",
                "Running": true,
                "Paused": false,
                "Restarting": false,
                "OOMKilled": false,
                "Dead": false,
                "Pid": 17098,
                "ExitCode": 0,
                "Error": "",
                "StartedAt": "2019-04-14T09:17:02.282104422Z",
                "FinishedAt": "0001-01-01T00:00:00Z"
            },
            "Image":
"sha256:5a069ba3df4d4221755d76d905ce8a0d2eedf3edbd87dca05a6259114c7b93d4",
            "ResolvConfPath":
"/var/lib/docker/containers/3b393a9399ce0449009226396a284e3ec34a9f1d2b089f4383
4691537ef19978/resolv.conf",
            "HostnamePath":
"/var/lib/docker/containers/3b393a9399ce0449009226396a284e3ec34a9f1d2b089f4383
4691537ef19978/hostname",
            "HostsPath":
"/var/lib/kubelet/pods/f951d250-5e2c-11e9-94d8-000c29ce2559/etc-hosts",
            "LogPath": "",
            "Name":
"/k8s_tomcat.cdbc0245_frontend_default_f951d250-5e2c-11e9-94d8-000c29ce2559_4b
ca6f7c",
            "RestartCount": 0,
            "Driver": "overlay2",
            "MountLabel": "",
            "ProcessLabel": "",
            "AppArmorProfile": "",
            "ExecIDs": null,
            "HostConfig": {
                "Binds": [
"/var/lib/kubelet/pods/f951d250-5e2c-11e9-94d8-000c29ce2559/etc-hosts:/etc/hos
```

```
ts",
"/var/lib/kubelet/pods/f951d250-5e2c-11e9-94d8-000c29ce2559/containers/tomcat/
4bca6f7c:/dev/termination-log"
            ],
            "ContainerIDFile": "",
            "LogConfig": {
                "Type": "journald",
                "Config": {}
            },
            "NetworkMode":
"container:3b393a9399ce0449009226396a284e3ec34a9f1d2b089f43834691537ef19978",
            "PortBindings": null,
```

从上面的命令可以看出，在这个 Pod 中，普通的容器通过 NetworkMode 字段与 pause 容器共享了网络。在这种情况下，同一个 Pod 中的容器相互之间的访问只需要通过 localhost 加端口的形式即可实现。

此外，pause 容器的 IP 地址又是从哪里获得的呢？如果还是以 docker0 为网关的内网 IP，就会出现问题了。

docker0 的默认 IP 地址是 172.17.2.1，Docker 启动的容器也默认被分配在 172.17.2.0/24 网段中。跨主机的 Pod 通信要保证 Pod 的 IP 地址不能相同，所以还需要设计一套为 Pod 统一分配 IP 的机制。

以上就是 Kubernetes 在 Pod 网络这一层需要解决的问题。目前 Kubernetes 提供了许多网络插件来解决这个问题，比较常见的有 Flannel、CNI 以及 DANM 等。

11.2.2　容器之间的通信

前面已经介绍过，Pod 是 Kubernetes 集群中的最小调度单元。而 Pod 实际上是容器的集合，在 Pod 中可以包含一个或者多个容器。Pod 包含的容器都运行在一个节点上，这些容器拥有相同的网络空间，容器之间能够相互通信。Pod 网络本质上还是容器网络，所以 Pod 的 IP 地址就是 Pod 中第一个容器的 IP 地址。

Docker 云的网络模型为一个扁平化网络，Pod 作为一个网络单元同 Kubernetes 节点的网络处于同一层级。

同一个 Pod 之间的不同容器因为共享同一个网络命名空间，所以可以通过 localhost 直接通信。

假设在当前集群中存在着一个 Pod，其配置文件如下：

```
apiVersion: v1
kind: Pod
metadata:
  name: two-containers
```

```yaml
spec:
  restartPolicy: Never
  volumes:
  - name: shared-data
    emptyDir: {}

  containers:

  - name: nginx-container
    image: nginx
    volumeMounts:
    - name: shared-data
      mountPath: /usr/share/nginx/html
  - name: mysql-container
    image: mysql
    env:
    - name: MYSQL_ROOT_PASSWORD
      value: a123456
  - name: centos-container
    image: centos
    command: [ "/bin/bash", "-c", "--" ]
    args: [ "while true; do sleep 30; done;" ]
```

从上面的代码可知，该 Pod 包含 3 个容器，分别为 nginx-container、mysql-container 和 centos-container。

创建以上 Pod 之后，执行以下命令进入到 centos-container 容器中：

```
[root@localhost ~]# kubectl exec -it two-containers -c centos-container -- /bin/sh
```

然后执行以下命令测试是否可以访问到 nginx-container：

```
sh-4.2# curl http://localhost:80
<html>
<head><title>403 Forbidden</title></head>
<body>
<center><h1>403 Forbidden</h1></center>
<hr><center>nginx/1.15.10</center>
</body>
</html>
```

前面已经介绍过，curl 命令是一个功能强大的 HTTP 客户端工具。在上面的例子中，通过该命令访问 nginx-container 的 80 端口。可以发现，上面的输出代码正是 Nginx 的输出结果。从上面的例子可知，用户可以在同一个 Pod 的容器中，通过 localhost 和端口来直接访问另外一个容器。

接下来，我们在同一个容器中访问 mysql-container。这次使用 telnet 命令，执行如下命令，命令的执行结果如下所示：

```
sh-4.2# telnet localhost 3306
Trying ::1...
Connected to localhost.
Escape character is '^]'.
J
8.0.15
    AI8@IU:)A~y3l4caching_sha2_password
```

从上面的输出结果可知，centos-container 同样也可以通过 localhost 加 3306 端口直接访问 mysql-container 中的服务。

通过上面的例子，可以充分说明，同一个 Pod 中的容器是共享一个 IP 地址，用户可以通过端口来区分不同的服务。

11.2.3　Pod 之间的通信

接下来，再讨论一下 Pod 之间的通信。Pod 之间的网络通信主要有两种情况，一种是同一个节点上的 Pod 之间的通信，另外一种情况是不同节点上的 Pod 之间的通信。

在同一个节点中，不同的 Pod 都拥有一个全局 IP 地址，Pod 之间可以直接通过 IP 地址进行通信。

例如，在当前节点中，一共有 4 个 Pod，执行如下命令，命令的执行结果如下所示：

```
[root@localhost ~]# kubectl get pods -o wide
NAME                       READY   STATUS    RESTARTS   AGE   IP           NODE
centos-controller-qj0fc    1/1     Running   0          2m    172.17.0.5   127.0.0.1
nginx-controller-36wdx     1/1     Running   0          8m    172.17.0.4   127.0.0.1
nginx-controller-9md9b     1/1     Running   0          8m    172.17.0.3   127.0.0.1
two-containers             3/3     Running   0          8m    172.17.0.2   127.0.0.1
```

这 4 个 Pod 的 IP 地址分别为 172.17.0.2~172.17.0.5。下面先进入名称为 centos-controller-qj0fc 的容器，执行如下命令：

```
[root@localhost ~]# kubectl exec -it centos-controller-qj0fc -c centos -- /bin/sh
```

然后通过 ping 命令测试是否可以访问 172.17.0.2 的 Pod，执行结果如下：

```
sh-4.2# ping 172.17.0.2
```

```
PING 172.17.0.2 (172.17.0.2) 56(84) bytes of data.
64 bytes from 172.17.0.2: icmp_seq=1 ttl=64 time=0.068 ms
64 bytes from 172.17.0.2: icmp_seq=2 ttl=64 time=0.064 ms
64 bytes from 172.17.0.2: icmp_seq=3 ttl=64 time=0.051 ms
64 bytes from 172.17.0.2: icmp_seq=4 ttl=64 time=0.046 ms
…
```

以上命令的输出结果表明，这2个Pod之间是连通的。此时，如果用ping测试其他的Pod，也会得到类似的结果。

实际上，在同一个节点中，不同的Pod通过一个名称为docker0的网桥连接起来。例如，用户可以通过以下命令将当前节点的网络接口罗列出来：

```
[root@localhost ~]# ip address show
1: lo: <LOOPBACK,UP,LOWER_UP> mtu 65536 qdisc noqueue state UNKNOWN group default qlen 1000
    link/loopback 00:00:00:00:00:00 brd 00:00:00:00:00:00
    inet 127.0.0.1/8 scope host lo
       valid_lft forever preferred_lft forever
    inet6 ::1/128 scope host
       valid_lft forever preferred_lft forever
2: ens33: <BROADCAST,MULTICAST,UP,LOWER_UP> mtu 1500 qdisc pfifo_fast state UP group default qlen 1000
    link/ether 00:0c:29:ce:25:59 brd ff:ff:ff:ff:ff:ff
    inet 192.168.21.135/24 brd 192.168.21.255 scope global noprefixroute dynamic ens33
       valid_lft 1786sec preferred_lft 1786sec
    inet6 fe80::7b0:8324:3573:789/64 scope link noprefixroute
       valid_lft forever preferred_lft forever
3: docker0: <BROADCAST,MULTICAST,UP,LOWER_UP> mtu 1500 qdisc noqueue state UP group default
    link/ether 02:42:b3:b0:7c:3d brd ff:ff:ff:ff:ff:ff
    inet 172.17.0.1/16 scope global docker0
       valid_lft forever preferred_lft forever
    inet6 fe80::42:b3ff:feb0:7c3d/64 scope link
       valid_lft forever preferred_lft forever
```

从上面的输出结果可知，编号为3的docker0的IP地址为172.17.0.1，这个IP地址与Pod的IP地址位于同一个网段中。

brctl命令可以用于将网桥的信息显示出来，执行如下命令，命令的执行结果如下所示：

```
[root@localhost ~]# brctl show
bridge name     bridge id               STP enabled     interfaces
docker0         8000.0242b3b07c3d       no              veth0f8b70e
                                                        veth452dff6
```

```
veth4a2f85a
veth67fa727
```

从上面的执行结果可知，在当前节点中，有 4 个虚拟网络接口被桥接到了 docker0 上。正是通过这种方式，实现了 Pod 之间的直接通信。

图 11-3 描述了同一个节点中不同的 Pod 之间的网络通信。从图中可以看出，Pod1 和 Pod2 都是通过 veth 虚拟网络接口连接到同一个 docker0 网桥上的，这些虚拟网络接口的 IP 地址都是从 docker0 的网段上动态获取的，它们和 docker0 网桥同属于一个网段，因此，Pod1 和 Pod2 以及 docker0 可以直接通信。

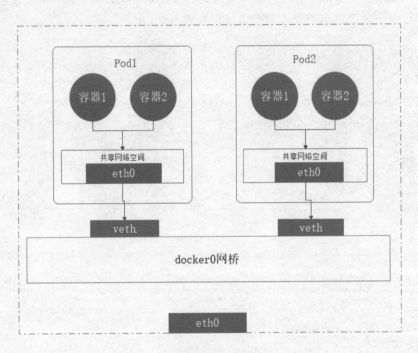

图 11-3 节点内部 Pod 之间的通信

对于不同的节点上的 Pod 来说，情况就比较复杂了。不同的节点之间，节点的 IP 地址相当于外网 IP 地址，它们之间可以直接相互访问。但是，节点内部的 Pod 和 docker0 网桥的 IP 地址则是内网 IP 地址，无法直接跨越不同节点进行访问。如果它们之间想要实现通信，就必须通过节点的网络接口进行转发，如图 11-4 所示。

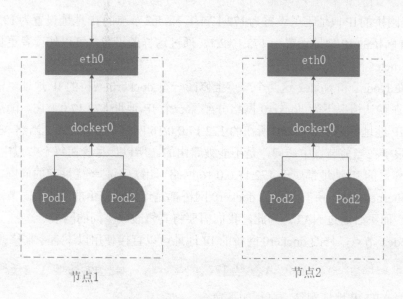

图 11-4　不同节点上的 Pod 之间的通信

11.2.4　Pod 和服务之间的通信

关于 Pod 和服务之间的连接，实际上在前面的一些章节中已经做了部分介绍。但是，在前面的介绍中，主要内容放在了介绍如何配置和发布服务，对于其中的网络原理并没有过多地介绍。在本节中，将从 Kubernetes 的基本网络管理着手，详细介绍 Kubernetes 是如何实现从 Service 到 Pod 中应用系统之间的通信。

首先准备 3 个节点，其中一个为 Master 节点，另外 2 个为 Node 节点，其拓扑结构如图 11-5 所示。

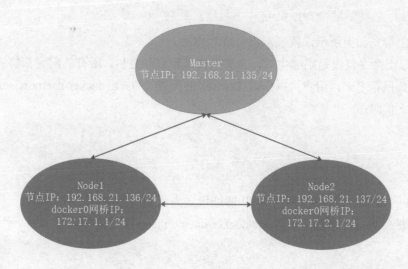

图 11-5　拓扑结构

其中，Master 节点的 IP 地址为 192.168.21.135，Node1 节点的 IP 地址为 192.168.21.136，

它的docker0网桥的IP地址手工设置为172.17.1.1。Node2节点的IP地址设置为192.168.21.137，它的docker0网桥的IP地址设置为172.17.2.1。通过这样的设置，可以使读者更加深入地理解和掌握Kubernetes的网络原理。

首先，在Node1和Node2这两个节点上修改一下docker0网桥的IP地址。前面已经介绍过，Docker在默认情况下为docker0网络分配了一个IP地址172.17.0.1/16。随后所有当前节点的容器的IP地址都是从docker0所在的172.17.0.0/16网络中自动分配。当然，在Docker中，这个网段仅限于在当前节点中访问，是不能被路由的。所以，尽管在每个节点中，docker0的IP地址以及容器的IP地址都属于172.17.0.0/16网络，用户不必考虑冲突的问题。

而在Kubernetes中，所有节点的docker0网桥都是可以被路由的，即不同节点之间可以直接相互访问，而不必通过NAT。为此，我们需要将其修改成不同的网段。

对于Node1节点，修改docker0网桥的IP地址可以直接使用以下命令来修改：

```
[root@localhost ~]# ip addr add 172.17.1.1/24 dev docker0
```

然后将原来的IP地址删除，执行如下命令：

```
[root@localhost ~]# ip addr delete 172.17.0.1/16 dev docker0
```

使用以下命令来查看IP地址是否设置成功：

```
[root@localhost ~]# ip a show docker0
3: docker0: <BROADCAST,MULTICAST,UP,LOWER_UP> mtu 1500 qdisc noqueue state UP group default
    link/ether 02:42:f1:3d:19:89 brd ff:ff:ff:ff:ff:ff
    inet 172.17.1.1/24 scope global docker0
       valid_lft forever preferred_lft forever
    inet6 fe80::42:f1ff:fe3d:1989/64 scope link
       valid_lft forever preferred_lft forever
```

如果输出信息如上所示，就表示已经成功修改。

但是，以上命令仅仅是临时生效，当节点被重新启动之后，所有的配置都将丢失。为了能够将配置长久保存下来，用户可以修改Docker的配置文件/etc/docker/daemon.json。在配置文件中增加以下代码：

```
{
  "bip": "172.17.1.1/24"
}
```

其中，bip表示将docker0网桥的IP地址设置为后面跟随的值。

用户需要在Node2节点上修改/etc/docker/daemon.json配置文件，增加以下代码：

```
{
  "bip": "172.17.2.1/24"
}
```

通过以上配置，Node1 和 Node2 节点上的容器就会分别赋予 172.17.1.0/24 和 172.17.2.0/24 这两个网络的 IP 地址，并且将默认的网关分别设置为 docker0 的 IP 地址，即 172.17.1.1 和 172.17.2.1。

修改完成之后，重新启动 Docker 服务。此时，在 Node1 节点上通过 iptables-save 命令来查看防火墙规则，会发现在 NAT 表中多出以下规则：

```
-A POSTROUTING -s 172.17.1.0/24 ! -o docker0 -j MASQUERADE
```

以上规则表示源地址为 172.17.1.0/24，但是又不是由 docker0 网桥发出的，实际上就是容器发出的数据包，需要进行源地址转换，转换为节点的 IP 地址。

同时，查看 Node1 节点的路由表，也会出现通向 172.17.1.0/24 网络的路由规则，执行如下命令，命令的执行结果如下所示：

```
[root@localhost ~]# ip route list
default via 192.168.21.2 dev ens33 proto static metric 100
172.17.1.0/24 dev docker0 proto kernel scope link src 172.17.1.1
192.168.21.0/24 dev ens33 proto kernel scope link src 192.168.21.136 metric 100
```

以上信息表明，Kubernetes 已经把 Pod 网络的路由准备好了。

 在 Node2 节点上，用户也可以得到类似的信息。

接下来，继续在集群中部署 Tomcat 应用。在 Master 节点中创建 Tomcat 应用的 YAML 配置文件，内容所示：

```
apiVersion: v1
kind: Pod
metadata:
  name: tomcat
  labels:
    name: tomcat
spec:
  containers:
  - name: tomcat
    image: docker.io/tomcat
    ports:
    - containerPort: 8080
```

将以上代码保存为 tomcat-pod.yaml 文件：

```
[root@localhost ~]# kubectl create -f tomcat-pod.yaml
pod "tomcat" created
```

要查看 Pod 的状态，执行如下命令，命令的执行结果如下所示：

```
[root@localhost ~]# kubectl get pod -o wide
```

NAME	READY	STATUS	RESTARTS	AGE	IP	NODE
...						
tomcat	1/1	Running	0	13s	172.17.1.3	192.168.21.136

我们可以发现，刚才创建的 Pod 已经处于运行状态，位于 Node1 节点上，分配给它的 IP 地址为 172.17.1.3。

在 Node1 节点上查看网络接口，可以发现多出了一个 veth 网络接口，执行如下命令，命令的执行结果如下所示：

```
[root@localhost ~]# ip link show
1: lo: <LOOPBACK,UP,LOWER_UP> mtu 65536 qdisc noqueue state UNKNOWN mode DEFAULT group default qlen 1000
    link/loopback 00:00:00:00:00:00 brd 00:00:00:00:00:00
2: ens33: <BROADCAST,MULTICAST,UP,LOWER_UP> mtu 1500 qdisc pfifo_fast state UP mode DEFAULT group default qlen 1000
    link/ether 00:0c:29:4b:2b:04 brd ff:ff:ff:ff:ff:ff
3: docker0: <BROADCAST,MULTICAST,UP,LOWER_UP> mtu 1500 qdisc noqueue state UP mode DEFAULT group default
    link/ether 02:42:77:03:ed:43 brd ff:ff:ff:ff:ff:ff
7: vethbc262f0@if6: <BROADCAST,MULTICAST,UP,LOWER_UP> mtu 1500 qdisc noqueue master docker0 state UP mode DEFAULT group default
    link/ether 36:b0:c8:a1:f7:91 brd ff:ff:ff:ff:ff:ff link-netnsid 1
```

而该网络接口被桥接到了 docker0 网桥上，执行如下命令，命令的执行结果如下所示：

```
[root@localhost ~]# brctl show
bridge name     bridge id               STP enabled     interfaces
docker0         8000.02427703ed43       no              vethbc262f0
```

在 Node1 节点上通过 curl 命令尝试访问 172.17.1.3 的 Pod 的 8080 端口，结果如下：

```
[root@localhost ~]# curl 172.17.1.3:8080




<!DOCTYPE html>
<html lang="en">
    <head>
        <meta charset="UTF-8" />
        <title>Apache Tomcat/8.5.40</title>
        <link href="favicon.ico" rel="icon" type="image/x-icon" />
        <link href="favicon.ico" rel="shortcut icon" type="image/x-icon" />
        <link href="tomcat.css" rel="stylesheet" type="text/css" />
    </head>

    <body>
```

```
            <div id="wrapper">
                <div id="navigation" class="curved container">
                    <span id="nav-home"><a
href="https://tomcat.apache.org/">Home</a></span>
                    <span id="nav-hosts"><a href="/docs/">Documentation</a></span>
                    <span id="nav-config"><a
href="/docs/config/">Configuration</a></span>
                    <span id="nav-examples"><a
href="/examples/">Examples</a></span>
                    <span id="nav-wiki"><a
href="https://wiki.apache.org/tomcat/FrontPage">Wiki</a></span>
                    <span id="nav-lists"><a
href="https://tomcat.apache.org/lists.html">Mailing Lists</a></span>
                    <span id="nav-help"><a
href="https://tomcat.apache.org/findhelp.html">Find Help</a></span>
                    <br class="separator" />
                </div>
                <div id="asf-box">
                    <h1>Apache Tomcat/8.5.40</h1>
                </div>
                <div id="upper" class="curved container">
                    <div id="congrats" class="curved container">
                        <h2>If you're seeing this, you've successfully installed
Tomcat. Congratulations!</h2>
                    </div>
…
```

以上输出正是 Tomcat 的默认输出页面，这表明 Tomcat 已经可以被正常访问。

但是，如果用户在 Master 和 Node2 节点上访问 172.17.1.3:8080，就会出现以下问题：

```
[root@localhost ~]# curl 172.17.1.3:8080
curl: (7) Failed connect to 172.17.1.3:8080; No route to host
```

以上信息表明，在其他的两个节点上，没有发现到 172.17.1.0/24 网络的路由。如果通过 ping 命令分别在 2 个节点上测试到 172.17.1.0/24 网络的网关，即 Node1 节点上 docker0 的 IP 地址 172.17.1.1 的连通性，则会输出以下结果：

```
[root@localhost ~]# ping 172.17.1.1
PING 172.17.1.1 (172.17.1.1) 56(84) bytes of data.
From 172.17.0.1 icmp_seq=1 Destination Host Unreachable
From 172.17.0.1 icmp_seq=2 Destination Host Unreachable
From 172.17.0.1 icmp_seq=3 Destination Host Unreachable
…
```

这也表明无法在其余的 2 个节点上访问该网关。

在 Master 节点和 Node2 节点上分别查看路由表信息。执行如下命令，可看到如下所示的 Master 节点的路由表：

```
[root@localhost ~]# ip route list
default via 192.168.21.2 dev ens33 proto dhcp metric 100
172.17.0.0/16 dev docker0 proto kernel scope link src 172.17.0.1
192.168.21.0/24 dev ens33 proto kernel scope link src 192.168.21.135 metric 100
```

Node2 节点的路由表如下：

```
[root@localhost ~]# ip route list
default via 192.168.21.2 dev ens33 proto static metric 100
172.17.2.0/24 dev docker0 proto kernel scope link src 172.17.2.1
192.168.21.0/24 dev ens33 proto kernel scope link src 192.168.21.137 metric 100
```

从上面的输出结果可知，这 2 个节点确实没有到 172.17.1.0/24 网络的路由规则。

为了能够实现 Pod 的直接访问，用户需要在这 3 个节点上面分别添加到 172.17.1.0/24 和 172.17.2.0/24 这 2 个网络的路由规则。其中，在 Master 节点上，用户需要将这 2 条规则同时添加上去。

```
[root@localhost ~]# ip route add 172.17.1.0/24 via 192.168.21.136
[root@localhost ~]# ip route add 172.17.2.0/24 via 192.168.21.137
```

而在 Node1 和 Node2 节点上，由于它们本身已经分别有了到 172.17.1.0/24 和 172.17.2.0/24 的路由规则，因此只需要添加另外一条即可。

到目前为止，用户理论上应该可以在三个节点上都可以访问刚才部署的 Tomcat 应用。然而实际上还不可以。这是因为除了 Kubernetes 本身的规则之外，默认情况下 Linux 本身的防火墙规则中，INPUT 和 FORWARD 这 2 个链接的默认规则都是拒绝的，所以用户需要在 Node1 和 Node2 节点上分别执行以下命令，将其默认规则设置为 ACCEPT：

```
iptables -P INPUT ACCEPT
iptables -P FORWARD ACCEPT
iptables -F
iptables -L -n
```

最后，我们就会发现，在任意一个节点上，都可以直接访问到 172.17.1.3:8080 这个应用了。

下面再接着创建服务，其配置文件如下：

```
apiVersion: v1
kind: Service
metadata:
  name: tomcat
  labels:
    name: tomcat
spec:
```

```
    selector:
      name: tomcat
    ports:
    - port: 8080
```

将以上代码保存为 tomcat-service.yaml 文件，然后在 Master 节点上执行以下命令创建该服务：

```
[root@localhost ~]# kubectl create -f tomcat-service.yaml
service "tomcat" created
```

要查看刚才创建的服务的状态，执行如下命令，命令的执行结果如下所示：

```
[root@localhost ~]# kubectl get svc -o wide
NAME         CLUSTER-IP       EXTERNAL-IP   PORT(S)    AGE   SELECTOR
kubernetes   10.254.0.1       <none>        443/TCP    4d    <none>
tomcat       10.254.12.13     <none>        8080/TCP   29s   name=tomcat
```

从以上命令的输出可知，Kubernetes 已经给名称为 tomcat 的服务分配了一个 ClusterIP，其值为 10.254.12.13，端口为 8080，选择器为 name=tomcat。

ClusterIP 是一个虚拟的 IP 地址，并不在集群或者节点中真实存在。这个 IP 地址是在 kube-apiserver 的配置文件中定义的，执行如下命令，命令的执行结果如下所示：

```
[root@localhost ~]# cat /etc/kubernetes/apiserver
###
# kubernetes system config
#
# The following values are used to configure the kube-apiserver
#

# The address on the local server to listen to.
KUBE_API_ADDRESS="--insecure-bind-address=0.0.0.0"

# The port on the local server to listen on.
KUBE_API_PORT="--port=8080"

# Port minions listen on
# KUBELET_PORT="--kubelet-port=10250"

# Comma separated list of nodes in the etcd cluster
KUBE_ETCD_SERVERS="--etcd-servers=http://127.0.0.1:2379"

# Address range to use for services
KUBE_SERVICE_ADDRESSES="--service-cluster-ip-range=10.254.0.0/16"
```

```
# default admission control policies
KUBE_ADMISSION_CONTROL="--admission-control=NamespaceLifecycle,NamespaceExists,LimitRanger,ResourceQuota"

# Add your own!
KUBE_API_ARGS=""
```

其中--service-cluster-ip-range 选项定义了服务所在的网络。

实际上，ClusterIP 所在的网络可以随意分配，只要不跟物理网络和 docker0 的网络冲突即可。ClusterIP 应用范围仅仅局限于当前节点，不会在物理网络和 docker0 所在的网络上进行路由，因而 ClusterIP 的作用仅仅是将访问该服务的流量发送到与其绑定的 Endpoints 上。

在任何一个节点上，通过 iptables-save 命令来查看 iptables 的规则，我们会发现多出了多条与 ClusterIP 有关的规则，执行如下命令，命令的执行结果如下所示：

```
01  -A KUBE-SEP-TMJQS2NVDIZNCSFJ -s 172.17.1.3/32 -m comment --comment "default/tomcat:" -j KUBE-MARK-MASQ
02  -A KUBE-SEP-TMJQS2NVDIZNCSFJ -p tcp -m comment --comment "default/tomcat:" -m tcp -j DNAT --to-destination 172.17.1.3:8080
03  -A KUBE-SEP-WSAW6HE4TRTZJXCF -s 192.168.21.135/32 -m comment --comment "default/kubernetes:https" -j KUBE-MARK-MASQ
04  -A KUBE-SEP-WSAW6HE4TRTZJXCF -p tcp -m comment --comment "default/kubernetes:https" -m recent --set --name KUBE-SEP-WSAW6HE4TRTZJXCF --mask 255.255.255.255 --rsource -m tcp -j DNAT --to-destination 192.168.21.135:6443
05  -A KUBE-SERVICES -d 10.254.12.13/32 -p tcp -m comment --comment "default/tomcat: cluster IP" -m tcp --dport 8080 -j KUBE-SVC-KD42LXGMAX7AVWBX
06  -A KUBE-SERVICES -d 10.254.0.1/32 -p tcp -m comment --comment "default/kubernetes:https cluster IP" -m tcp --dport 443 -j KUBE-SVC-NPX46M4PTMTKRN6Y
07  -A KUBE-SERVICES -m comment --comment "kubernetes service nodeports; NOTE: this must be the last rule in this chain" -m addrtype --dst-type LOCAL -j KUBE-NODEPORTS
08  -A KUBE-SVC-KD42LXGMAX7AVWBX -m comment --comment "default/tomcat:" -j KUBE-SEP-TMJQS2NVDIZNCSFJ
09  -A KUBE-SVC-NPX46M4PTMTKRN6Y -m comment --comment "default/kubernetes:https" -m recent --rcheck --seconds 10800 --reap --name KUBE-SEP-WSAW6HE4TRTZJXCF --mask 255.255.255.255 --rsource -j KUBE-SEP-WSAW6HE4TRTZJXCF
10  -A KUBE-SVC-NPX46M4PTMTKRN6Y -m comment --comment "default/kubernetes:https" -j KUBE-SEP-WSAW6HE4TRTZJXCF
11  COMMIT
```

其中，第 5 条规则表示目标地址为 10.254.12.13/32，并且目标端口为 8080 的数据包将被 KUBE-SVC-KD42LXGMAX7AVWBX 自定义链中的规则处理；而第 8 行定义了匹配 KUBE-

SEP-TMJQS2NVDIZNCSFJ 自定义链的规则的数据包,将由 TMJQS2NVDIZNCSFJ 链中的规则处理;第 2 行定义了匹配 TMJQS2NVDIZNCSFJ 规则的数据包,将进行目标地址转换,转换目标为 172.17.1.3:8080,这个地址正是前面分配给名称为 tomcat 的 Pod 的 IP 地址,以及 Tomcat 的服务端口。

从上面的分析可知,从服务到 Pod 之间的访问是通过 iptables 的规则实现的。

要在任意节点上访问前面定义的服务,执行如下命令,命令的执行结果如下所示:

```
[root@localhost ~]# curl 10.254.12.13:8080
<!DOCTYPE html>
<html lang="en">
    <head>
        <meta charset="UTF-8" />
        <title>Apache Tomcat/8.5.40</title>
        <link href="favicon.ico" rel="icon" type="image/x-icon" />
        <link href="favicon.ico" rel="shortcut icon" type="image/x-icon" />
        <link href="tomcat.css" rel="stylesheet" type="text/css" />
    </head>

    <body>
        <div id="wrapper">
            <div id="navigation" class="curved container">
                <span id="nav-home"><a href="https://tomcat.apache.org/">Home</a></span>
                <span id="nav-hosts"><a href="/docs/">Documentation</a></span>
                <span id="nav-config"><a href="/docs/config/">Configuration</a></span>
                <span id="nav-examples"><a href="/examples/">Examples</a></span>
                <span id="nav-wiki"><a href="https://wiki.apache.org/tomcat/FrontPage">Wiki</a></span>
                <span id="nav-lists"><a href="https://tomcat.apache.org/lists.html">Mailing Lists</a></span>
                <span id="nav-help"><a href="https://tomcat.apache.org/findhelp.html">Find Help</a></span>
                <br class="separator" />
            </div>
            <div id="asf-box">
                <h1>Apache Tomcat/8.5.40</h1>
            </div>
            <div id="upper" class="curved container">
                <div id="congrats" class="curved container">
                    <h2>If you're seeing this, you've successfully installed Tomcat. Congratulations!</h2>
```

```
        </div>
...
```

11.3 Flannel

Flannel 是一个专为 Kubernetes 定制的三层网络解决方案，主要用于解决容器的跨主机通信问题。本节将详细介绍 Flannel 的基本情况以及安装和使用方法。

11.3.1 Flannel 简介

Flannel 是一个 Kubernetes 网络插件，专门用于设置 Kubernetes 集群中容器的网络地址空间。Flannel 利用 etcd 来存储整个集群的网络配置。例如，用户可以设置整个集群所有容器的 IP 地址都取自网络 10.1.0.0/16。

在每个节点中，都运行着 Flannel 的代理服务 flanneld。该代理程序会为当前节点从集群的网络地址空间中，获取一个子网，本节点中所有容器的 IP 地址都将从该子网中分配。所有的网络配置信息，都将存储在 etcd 中。

Flannel 提供了多种后端机制，例如 udp、vxlan 等。通过这些机制，实现了跨主机转发容器间的网络流量，完成容器间的跨主机通信。Flannel 跨节点通信的例子如图 11-6 所示。

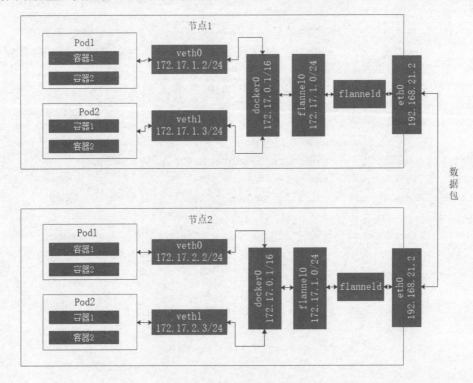

图 11-6 Flannel 跨节点通信

图 11-6 描述了在 Flannel 网络中，容器之间的数据通信。首先，容器中的应用程序将数据包通过自己的网络接口 eth0 发送出去。然后，数据包会发送到虚拟网络接口 veth。而 veth 与虚拟网桥 docker0 桥接在一起，可以直接通信。因此，数据包通过 docker0 发送到虚拟网络接口 flannel0。而 Flannel 在 etcd 中存储了各个子网的路由规则，所以 Flannel 的代理服务 flanneld 在查找路由规则之后，通过节点的网络接口 eth0 发送到其他的节点。数据包在到达目标节点后，在传输层交给 flanneld 守候进程进行处理。数据被解包，发送给 flannel0 虚拟网络接口。经过路由之后，发送给 docker0 网桥，再到达虚拟网络接口 veth，最后到达目标容器。

11.3.2　安装 Flannel

在 CentOS 中安装 Flannel 很简单，直接使用 yum 命令即可，命令如下：

```
[root@localhost ~]# yum -y install flannel
```

当然，用户也可以使用其他的安装方式，例如通过编译源代码或者下载二进制文件。对于初学者来说，通过操作系统的软件包管理工具来安装 Flannel 是非常容易掌握的。因为所有的节点都需要用到 Flannel，所以用户需要在每个节点上执行以上命令。

然后在 Master 节点上执行以下命令，在 etcd 中配置 Flannel 的网络信息：

```
[root@localhost ~]# etcdctl --endpoints http://192.168.21.135:2379 set
/coreos.com/network/config '{"Network": "10.0.0.0/16", "SubnetLen": 24,
"SubnetMin": "10.0.1.0","SubnetMax": "10.0.20.0", "Backend": {"Type":"vxlan"}}'
  {"Network": "10.0.0.0/16", "SubnetLen": 24, "SubnetMin":
"10.0.1.0","SubnetMax": "10.0.20.0", "Backend": {"Type": "vxlan"}}
```

在上面的命令中，Network 用来指定 Flannel 所使用的网络 ID，后面分配给节点的子网都从该网络中分配。SubnetLen 用来指定分配给节点的虚拟网桥 docker0 的 IP 地址的子网掩码的长度。SubnetMin 用来指定最小子网的 ID。SubnetMax 用来指定最大子网的 ID。在上面的命令中，我们指定最小子网为 10.0.1.0/24，最大子网为 10.0.20.0/24，由于每个节点分配一个子网，因此可以支持 20 个节点。Backend 用于指定数据包以什么方式转发，默认为 udp 模式，host-gw 模式性能最好，但不能跨宿主机网络。

然后修改 Flannel 的配置文件/etc/sysconfig/flanneld，增加 etcd 的访问地址，内容如下：

```
# Flanneld configuration options

# etcd url location.  Point this to the server where etcd runs
FLANNEL_ETCD_ENDPOINTS="http://192.168.21.135:2379,http://192.168.21.136:2379,http://192.168.21.137:2379"

# etcd config key.  This is the configuration key that flannel queries
# For address range assignment
FLANNEL_ETCD_PREFIX="/atomic.io/network"
```

```
# Any additional options that you want to pass
#FLANNEL_OPTIONS=""
```

设置完成之后，在每个节点上启动 Flannel，命令如下：

```
[root@localhost ~]# systemctl start flanneld
```

 用户需要在启动 Flannel 前启动 Docker。

然后，用户可以在任意节点上执行以下命令，来查看保存在 etcd 中的子网信息，命令执行的结果如下所示：

```
[root@localhost ~]# etcdctl ls /atomic.io/network/subnets
/atomic.io/network/subnets/10.0.1.0-24
/atomic.io/network/subnets/10.0.7.0-24
/atomic.io/network/subnets/10.0.12.0-24
```

从上面的输出结果可知，目前已经为 3 个节点分配了子网，分别是 10.0.1.0/24、10.0.7.0/24 和 10.0.12.0/24。

在每个节点上查看网络接口，可以看到多出了一个以 flannel 开头的虚拟网络接口，该网络接口的 IP 地址分别位于 etcd 中对应节点的子网中。例如，其中一个节点的网络接口情况如下所示：

```
[root@localhost ~]# ip address show
…
4: flannel.1: <BROADCAST,MULTICAST,UP,LOWER_UP> mtu 1450 qdisc noqueue state UNKNOWN group default
    link/ether 3e:0d:0d:13:ef:63 brd ff:ff:ff:ff:ff:ff
    inet 10.0.1.0/32 scope global flannel.1
       valid_lft forever preferred_lft forever
    inet6 fe80::3c0d:dff:fe13:ef63/64 scope link
       valid_lft forever preferred_lft forever
```

到此为止，Flannel 已经安装成功了。接下来需要在各个节点上配置 Docker，修改它的启动参数，使它能够从 Flannel 分配给当前节点的子网中获取 IP 地址。

在 Flannel 启动之后，会生成一个环境变量文件，包含了当前主机要使用 Flannel 通信的相关参数，执行如下命令，命令的执行结果如下所示：

```
[root@localhost ~]# cat /run/flannel/subnet.env
FLANNEL_NETWORK=10.0.0.0/16
FLANNEL_SUBNET=10.0.1.1/24
FLANNEL_MTU=1450
FLANNEL_IPMASQ=false
```

用户可以使用以下命令将其转换为 Docker 的启动参数：

```
[root@localhost ~]# /usr/libexec/flannel/mk-docker-opts.sh
```

在默认情况下,生成的 Docker 启动参数位于/run 目录中,其名称为 docker_opts.env,代码如下:

```
[root@localhost ~]# cat /run/docker_opts.env
DOCKER_OPT_BIP="--bip=10.0.1.1/24"
DOCKER_OPT_IPMASQ="--ip-masq=true"
DOCKER_OPT_MTU="--mtu=1450"
DOCKER_OPTS=" --bip=10.0.1.1/24 --ip-masq=true --mtu=1450"
```

修改 Docker 的服务单元文件/lib/systemd/system/docker.service,增加启动参数,执行如下命令,命令的执行结果如下所示:

```
#EnvironmentFile=-/etc/sysconfig/docker-network
EnvironmentFile=-/run/docker_opts.env
```

然后重启 Docker,命令如下:

```
[root@localhost ~]# systemctl daemon-reload
[root@localhost ~]# systemctl restart docker
```

再次查看 docker0 虚拟网桥的 IP 地址,就会发现它的 IP 地址已经归属 flannel 分配给当前节点的子网,执行如下命令,命令的执行结果如下所示:

```
[root@localhost ~]# ip address show
…
3: docker0: <NO-CARRIER,BROADCAST,MULTICAST,UP> mtu 1500 qdisc noqueue state DOWN group default
    link/ether 02:42:93:fe:a9:f1 brd ff:ff:ff:ff:ff:ff
    inet 10.0.1.1/24 scope global docker0
       valid_lft forever preferred_lft forever
4: flannel.1: <BROADCAST,MULTICAST,UP,LOWER_UP> mtu 1450 qdisc noqueue state UNKNOWN group default
    link/ether 3e:0d:0d:13:ef:63 brd ff:ff:ff:ff:ff:ff
    inet 10.0.1.0/32 scope global flannel.1
       valid_lft forever preferred_lft forever
    inet6 fe80::3c0d:dff:fe13:ef63/64 scope link
       valid_lft forever preferred_lft forever
```

最后,我们通过创建两个 Pod 来验证其网络的连通性。这两个 Pod 的 YAML 配置文件如下:

```
[root@localhost ~]# cat centos.yaml
apiVersion: v1
kind: Pod
metadata:
```

```
    name: centos
spec:
  containers:
  - name: centos
    image: centos
    command: [ "/bin/bash", "-c", "--" ]
    args: [ "while true; do sleep 30; done;" ]
[root@localhost ~]# cat centos1.yaml
apiVersion: v1
kind: Pod
metadata:
  name: centos1
spec:
  containers:
  - name: centos
    image: centos
    command: [ "/bin/bash", "-c", "--" ]
    args: [ "while true; do sleep 30; done;" ]
```

然后分别使用以下命令创建 Pod：

```
[root@localhost ~]# kubectl create -f centos.yaml
[root@localhost ~]# kubectl create -f centos1.yaml
```

要查看所创建的 Pod 的状态信息，命令如下：

```
[root@localhost ~]# kubectl get pod -o wide
NAME      READY   STATUS    RESTARTS   AGE   IP          NODE
centos    1/1     Running   0          3m    10.0.12.2   192.168.21.136
centos1   1/1     Running   0          1m    10.0.1.3    192.168.21.135
```

从上面的输出结果可知，这 2 个 Pod 分别位于 192.168.21.135 和 192.168.21.136 这两个节点上，其 IP 地址分别为 10.0.1.3 和 10.0.12.2。

先进入名称为 centos1 的 Pod：

```
[root@localhost ~]# kubectl exec -it centos1 -- /bin/sh
```

查看其 IP 地址，执行如下命令，命令的执行结果如下所示：

```
sh-4.2# ip address show
1: lo: <LOOPBACK,UP,LOWER_UP> mtu 65536 qdisc noqueue state UNKNOWN group default qlen 1000
    link/loopback 00:00:00:00:00:00 brd 00:00:00:00:00:00
    inet 127.0.0.1/8 scope host lo
       valid_lft forever preferred_lft forever
    inet6 ::1/128 scope host
       valid_lft forever preferred_lft forever
```

```
7: eth0@if8: <BROADCAST,MULTICAST,UP,LOWER_UP> mtu 1450 qdisc noqueue state UP
group default
    link/ether 02:42:0a:00:01:03 brd ff:ff:ff:ff:ff:ff link-netnsid 0
    inet 10.0.1.3/24 scope global eth0
       valid_lft forever preferred_lft forever
    inet6 fe80::42:aff:fe00:103/64 scope link
       valid_lft forever preferred_lft forever
```

通过 ping 命令测试与另外一个 Pod 的连通性，执行如下命令，命令的执行结果如下所示：

```
sh-4.2# ping 10.0.12.2
PING 10.0.12.2 (10.0.12.2) 56(84) bytes of data.
64 bytes from 10.0.12.2: icmp_seq=1 ttl=62 time=0.743 ms
64 bytes from 10.0.12.2: icmp_seq=2 ttl=62 time=2.20 ms
64 bytes from 10.0.12.2: icmp_seq=3 ttl=62 time=1.11 ms
64 bytes from 10.0.12.2: icmp_seq=4 ttl=62 time=1.36 ms
…
```

从上面的输出结果可知，尽管这 2 个 Pod 分别位于不同的节点，但是它们之间可以直接访问。

第 12 章

◀Kubernetes Dashboard▶

Kubernetes 不仅仅提供了强大的命令行管理工具，还提供了基于 Web 的图形化管理界面，这就是本章将要介绍的 Dashboard。通过 Kubernetes Dashboard，系统管理员可以非常方便地管理集群。

本章涉及的知识点有：

- Kubernetes Dashboard 配置文件：主要介绍官方提供的 Kubernetes Dashboard 配置文件及其内容。
- 安装 Dashboard：介绍 Kubernetes Dashboard 的安装方法。
- Dashboard 使用方法：主要介绍如何使用 Kubernetes Dashboard 管理集群。

12.1 Kubernetes Dashboard 配置文件

Kubernetes 官方为 Dashboard 专门提供了一个 YAML 配置文件，用来给用户部署 Dashboard。本节将对这个官方的 YAML 配置进行详细介绍，以便于后面的部署。

12.1.1 Kubernetes 角色控制

Kubernetes 提供了基于角色的安全控制以及授权机制。其中，涉及几个非常重要的概念，例如用户、角色、角色绑定以及 Secret 等，下面分别进行介绍。

1. 用户

Kubernetes 提供了两种用户，分别为 User 和 ServiceAccount。其中 User 是给系统管理员使用的，而 ServiceAccount 则是为 Pod 中的进程提供身份信息。当 Pod 的进程访问 API Server（API 服务器）时，它们会与一个 ServiceAccount，即服务账号相关联，通过该服务账号来判断该进程是否有权限访问 API Server。

当用户在创建 Pod 时，如果没有指定 ServiceAccount，系统就会自动在与该 Pod 所在的命名空间下为其指定一个特殊的 ServiceAccount，其名称为 default。

系统管理员可以通过以下命令来查看当前系统中的 ServiceAccount，执行如下命令，命令的执行结果如下所示：

```
[root@localhost ~]# kubectl get sa --all-namespaces
NAMESPACE         NAME            SECRETS         AGE
default           default         0               1d
kube-system       default         0               1d
```

从上面的输出结果可知,当前集群中存在 2 个名称为 default 的 ServiceAccount,分别属于 default 和 kube-system 这 2 个命名空间。

2. 角色

与其他的系统一样,在 Kubernetes 中,角色也是代表一系列权限的集合,权限以纯粹的累加形式累计。Kubernetes 支持 2 种角色,分别为 Role 和 ClusterRole。其中 Role 在命名空间内有效,不可以跨命名空间;ClusterRole 则是在整个集群范围内都有效,可以跨命名空间。

例如,下面的代码定义了一个 Role:

```
kind: Role
apiVersion: rbac.authorization.k8s.io/v1beta1
metadata:
  namespace: default
  name: pod-reader
rules:
- apiGroups: [""]
  resources: ["pods"]
  verbs: ["get", "watch", "list"]
```

可以得知,上面的 Role 可以访问的资源为 pods,可以使用的操作有 get、watch 和 list。ClusterRole 除了可以授予与 Role 相同的权限之外,还可以授权集群范围内的资源、非资源类型的对象以及跨命名空间的资源的访问权限。

3. 角色绑定

角色绑定的作用是将角色映射到用户,从而让这些用户拥有该角色的权限。与 2 种角色相对应,角色绑定也分为 2 种,即 RoleBinding 和 ClusterRoleBinding。

4. Secret

关于 Secret,前面已经介绍过了。所谓 Secret,是一个包含少量敏感信息如密码、令牌、或秘钥的对象。把这些信息保存在 Secret 对象中,可以在这些信息被使用时加以控制,以降低信息泄露的风险。

12.1.2 kubernetes-dashboard.yaml

Kubernetes 官方为 Dashboard 提供了一个标准的 YAML 配置文件,其网址为:

```
https://raw.githubusercontent.com/kubernetes/dashboard/master/aio/deploy/recommended/kubernetes-dashboard.yaml
```

我们将该文件下载下来，分析一下它的代码。

```
001  # Copyright 2017 The Kubernetes Authors.
002  #
003  # Licensed under the Apache License, Version 2.0 (the "License");
004  # you may not use this file except in compliance with the License.
005  # You may obtain a copy of the License at
006  #
007  #     http://www.apache.org/licenses/LICENSE-2.0
008  #
009  # Unless required by applicable law or agreed to in writing, software
010  # distributed under the License is distributed on an "AS IS" BASIS,
011  # WITHOUT WARRANTIES OR CONDITIONS OF ANY KIND, either express or implied.
012  # See the License for the specific language governing permissions and
013  # limitations under the License.
014
015  # ------------------- Dashboard Secrets ------------------- #
016
017  apiVersion: v1
018  kind: Secret
019  metadata:
020    labels:
021      k8s-app: kubernetes-dashboard
022    name: kubernetes-dashboard-certs
023    namespace: kube-system
024  type: Opaque
025
026  ---
027
028  apiVersion: v1
029  kind: Secret
030  metadata:
031    labels:
032      k8s-app: kubernetes-dashboard
033    name: kubernetes-dashboard-csrf
034    namespace: kube-system
035  type: Opaque
036  data:
037    csrf: ""
038
039  ---
040  # ------------------- Dashboard Service Account ------------------- #
041
042  apiVersion: v1
```

```
043    kind: ServiceAccount
044    metadata:
045      labels:
046        k8s-app: kubernetes-dashboard
047      name: kubernetes-dashboard
048      namespace: kube-system
049
050    ---
051    # -------------------- Dashboard Role & Role Binding -------------------- #
052
053    kind: Role
054    apiVersion: rbac.authorization.k8s.io/v1
055    metadata:
056      name: kubernetes-dashboard-minimal
057      namespace: kube-system
058    rules:
059      # Allow Dashboard to create 'kubernetes-dashboard-key-holder' secret.
060      - apiGroups: [""]
061        resources: ["secrets"]
062        verbs: ["create"]
063      # Allow Dashboard to create 'kubernetes-dashboard-settings' config map.
064      - apiGroups: [""]
065        resources: ["configmaps"]
066        verbs: ["create"]
067      # Allow Dashboard to get, update and delete Dashboard exclusive secrets.
068      - apiGroups: [""]
069        resources: ["secrets"]
070        resourceNames: ["kubernetes-dashboard-key-holder", "kubernetes-dashboard-certs", "kubernetes-dashboard-csrf"]
071        verbs: ["get", "update", "delete"]
072      # Allow Dashboard to get and update 'kubernetes-dashboard-settings' config map.
073      - apiGroups: [""]
074        resources: ["configmaps"]
075        resourceNames: ["kubernetes-dashboard-settings"]
076        verbs: ["get", "update"]
077      # Allow Dashboard to get metrics from heapster.
078      - apiGroups: [""]
079        resources: ["services"]
080        resourceNames: ["heapster"]
081        verbs: ["proxy"]
082      - apiGroups: [""]
083        resources: ["services/proxy"]
```

```yaml
084     resourceNames: ["heapster", "http:heapster:", "https:heapster:"]
085     verbs: ["get"]
086
087 ---
088 apiVersion: rbac.authorization.k8s.io/v1
089 kind: RoleBinding
090 metadata:
091   name: kubernetes-dashboard-minimal
092   namespace: kube-system
093 roleRef:
094   apiGroup: rbac.authorization.k8s.io
095   kind: Role
096   name: kubernetes-dashboard-minimal
097 subjects:
098 - kind: ServiceAccount
099   name: kubernetes-dashboard
100   namespace: kube-system
101
102 ---
103 # -------------------- Dashboard Deployment -------------------- #
104
105 kind: Deployment
106 apiVersion: apps/v1
107 metadata:
108   labels:
109     k8s-app: kubernetes-dashboard
110   name: kubernetes-dashboard
111   namespace: kube-system
112 spec:
113   replicas: 1
114   revisionHistoryLimit: 10
115   selector:
116     matchLabels:
117       k8s-app: kubernetes-dashboard
118   template:
119     metadata:
120       labels:
121         k8s-app: kubernetes-dashboard
122     spec:
123       containers:
124       - name: kubernetes-dashboard
125         image: k8s.gcr.io/kubernetes-dashboard-amd64:v1.10.1
126         ports:
```

```
127             - containerPort: 8443
128               protocol: TCP
129           args:
130             - --auto-generate-certificates
131             # Uncomment the following line to manually specify Kubernetes API server Host
132             # If not specified, Dashboard will attempt to auto discover the API server and connect
133             # to it. Uncomment only if the default does not work.
134             # - --apiserver-host=http://my-address:port
135           volumeMounts:
136           - name: kubernetes-dashboard-certs
137             mountPath: /certs
138             # Create on-disk volume to store exec logs
139           - mountPath: /tmp
140             name: tmp-volume
141           livenessProbe:
142             httpGet:
143               scheme: HTTPS
144               path: /
145               port: 8443
146             initialDelaySeconds: 30
147             timeoutSeconds: 30
148           volumes:
149           - name: kubernetes-dashboard-certs
150             secret:
151               secretName: kubernetes-dashboard-certs
152           - name: tmp-volume
153             emptyDir: {}
154           serviceAccountName: kubernetes-dashboard
155           # Comment the following tolerations if Dashboard must not be deployed on master
156           tolerations:
157           - key: node-role.kubernetes.io/master
158             effect: NoSchedule
159
160 ---
161 # ------------------- Dashboard Service ------------------- #
162
163 kind: Service
164 apiVersion: v1
165 metadata:
166   labels:
```

```
167        k8s-app: kubernetes-dashboard
168      name: kubernetes-dashboard
169      namespace: kube-system
170    spec:
171      ports:
172        - port: 443
173          targetPort: 8443
174      selector:
175        k8s-app: kubernetes-dashboard
```

从上面的代码可知，kubernetes-dashboard.yaml 文件分为 6 个部分，这 6 个部分分别为 Dashboard Secrets、Dashboard Service Account、Dashboard Role、Role Binding、Dashboard Deployment 和 Dashboard Service。

其中，第 17~37 行定义了 2 个 Secret，其中第 1 个 Secret 名称为 kubernetes-dashboard-certs，第 2 个 Secret 名称为 kubernetes-dashboard-csrf。这 2 个 Secret 的类型都为 Opaque，位于 kube-system 命名空间中。

第 42~48 行定义了名称为 kubernetes-dashboard 的 ServiceAccount，即 Dashboard 的用户。

第 53~85 行定义了 Role，即 Dashboard 的角色信息，其角色名称为 kubernetes-dashboard-minimal，rules 字段中列出了它拥有的多个权限。通过名称我们可以猜到，这个权限级别是比较低的。

第 88~100 行定义了 RoleBinding，即 Dashboard 的角色绑定，其名称为 kubernetes-dashboard-minimal，roleRef 字段用来指定被绑定的角色，也叫 kubernetes-dashboard-minimal，即上面定义的角色，subjects 字段指定绑定的用户为 kubernetes-dashboard。

第 105~158 行定义了 Deployment。从上面第 154 行可知，Dashboard 的 Deployment 指定了其使用的 ServiceAccount 是 kubernetes-dashboard。此外，第 137 行将 Secret kubernetes-dashboard-certs 通过 volumes 挂载到 pod 内部的/certs 路径。由于在第 130 行指定了参数 --auto-generate-certificates，Dashboard 会自动生成证书。

第 163~175 行定义 Service，暴露了服务端口为 443，并且指定其目前端口为 8443，选择器为 k8s-app: kubernetes-dashboard。

我们可以发现，上面的代码定义了与 Dashboard 有关的各种资源。尽管上面的定义非常详细，但是由于网络访问环境的原因，用户可能不能直接通过上面的代码创建 Dashboard。

12.2 安装 Kubernetes Dashboard

Dashboard 是以 Pod 的形式提供服务的，所以安装 Dashboard 并不需要新的知识。本节将详细介绍 Dashboard 的安装方法。

12.2.1 官方安装方法

由于 Kubernetes 官方已经为 Dashboard 提供了一个 YAML 配置文件，该配置文件包含了 Dashboard 所需要的各种资源对象，因此，用户可以直接使用以下命令快速部署 Dashboard：

```
[root@localhost ~]# kubectl apply -f
https://raw.githubusercontent.com/kubernetes/dashboard/master/aio/deploy/recommended/kubernetes-dashboard.yaml
```

在通过以上命令部署 Dashboard 的过程中，会从 k8s.gcr.io 提取所需要的 kubernetes-dashboard-amd64 镜像文件。

12.2.2 自定义安装方法

尽管官方提供的安装方法非常简洁，但是在国内的网络环境中，用户却常常无法成功访问 k8s.gcr.io 来下载所需要的镜像，因此导致 Pod 创建失败。用户在查看 Dashboard 的 Pod 时，会发现它的状态为 ImagePullBackOff。

为了避免这个问题，用户可以通过国内的镜像服务器，预先将 kubernetes-dashboard 的镜像下载下来，然后再部署 Dashboard。这种国内的镜像服务器非常多，例如中国科学技术大学就提供了一个 k8s.gcr.io 的镜像服务器，用户可以通过以下命令下载镜像文件：

```
[root@localhost ~]# docker pull
gcr.mirrors.ustc.edu.cn/google-containers/kubernetes-dashboard-amd64:v1.8.3
```

下载完成之后，用户还需要进行镜像标签的设置，执行如下命令，命令的执行结果如下所示：

```
[root@localhost ~]# docker tag
gcr.mirrors.ustc.edu.cn/google-containers/kubernetes-dashboard-amd64:v1.8.3
k8s.gcr.io/kubernetes-dashboard-amd64:v1.8.3
```

接下来就是编辑 YAML 配置文件。为了能够使读者更加清楚 Dashboard 的部署方法，我们在官方代码的基础上进行了简化和修改，去掉了与用户授权有关的内容，仅仅保留部署和服务这两部分，内容如下所示：

```
01  # ------------------- Dashboard Deployment ------------------- #
02
03  kind: Deployment
04  apiVersion: extensions/v1beta1
05  metadata:
06    labels:
07      k8s-app: kubernetes-dashboard
08    name: kubernetes-dashboard
09    namespace: kube-system
10  spec:
```

```
11    template:
12      metadata:
13        labels:
14          k8s-app: kubernetes-dashboard
15      spec:
16        containers:
17        - name: kubernetes-dashboard
18          image: k8s.gcr.io/kubernetes-dashboard-amd64:v1.8.3
19          resources:
20            limits:
21              cpu: 100m
22              memory: 50Mi
23            requests:
24              cpu: 100m
25              memory: 50Mi
26          ports:
27          - containerPort: 9090
28            protocol: TCP
29          args:
30            # - --auto-generate-certificates
31            # Uncomment the following line to manually specify Kubernetes API server Host
32            # If not specified, Dashboard will attempt to auto discover the API server and connect
33            # to it. Uncomment only if the default does not work.
34            - --apiserver-host=http://192.168.21.137:8080
35            - --heapster-host=http://heapster
36          livenessProbe:
37            httpGet:
38              scheme: HTTP
39              path: /
40              port: 9090
41            initialDelaySeconds: 30
42            timeoutSeconds: 30
43  ---
44  # ------------------- Dashboard Service ------------------- #
45
46  kind: Service
47  apiVersion: v1
48  metadata:
49    labels:
50      k8s-app: kubernetes-dashboard
51    name: kubernetes-dashboard
```

```
52      namespace: kube-system
53  spec:
54    ports:
55      - port: 9090
56        targetPort: 9090
57    selector:
58      k8s-app: kubernetes-dashboard
59    type: NodePort
```

此外，在上面的代码中，将 Dashboard 的访问方式由 HTTPS 修改为 HTTP，去掉了与证书有关的代码。第 27 行将服务端口修改为 9090，第 38 行将模式改为 HTTP。第 59 行将服务类型修改为 NodePort，以便于测试。

将以上代码保存为 kubernetes-dashboard.yaml 文件，然后通过以下命令进行部署：

```
[root@localhost ~]# kubectl apply -f kubernetes-dashboard.yaml
```

要查看 Pod 的状态，执行如下命令，命令的执行结果如下所示：

```
[root@localhost ~]# kubectl get pod -o wide --all-namespaces
NAMESPACE     NAME                                      READY     STATUS     RESTARTS   AGE     IP            NODE
kube-system   kubernetes-dashboard-1724149408-97377     1/1       Running    0          2m      172.17.0.2    127.0.0.1
```

从上面的输出结果可知，刚才创建的 Pod 已经处于运行状态了。

查询该 Pod 的日志，可以发现该 Pod 已经开始监听 9090 端口了：

```
[root@localhost ~]# kubectl log kubernetes-dashboard-1724149408-97377 --namespace=kube-system
 W0422 05:13:39.677284    1613 cmd.go:337] log is DEPRECATED and will be removed in a future version. Use logs instead.
 2019/04/21 20:27:45 Starting overwatch
 2019/04/21 20:27:45 Using apiserver-host location: http://192.168.21.137:8080
 2019/04/21 20:27:45 Skipping in-cluster config
 2019/04/21 20:27:45 Using random key for csrf signing
 2019/04/21 20:27:45 No request provided. Skipping authorization
 2019/04/21 20:27:45 Successful initial request to the apiserver, version: v1.5.2
 2019/04/21 20:27:45 Generating JWE encryption key
 2019/04/21 20:27:45 New synchronizer has been registered: kubernetes-dashboard-key-holder-kube-system. Starting
 2019/04/21 20:27:45 Starting secret synchronizer for kubernetes-dashboard-key-holder in namespace kube-system
 2019/04/21 20:27:51 Initializing JWE encryption key from synchronized object
 2019/04/21 20:27:51 Creating remote Heapster client for http://heapster
 2019/04/21 20:27:51 Serving insecurely on HTTP port: 9090
```

要查看所创建的服务的状态，执行如下命令，命令的执行结果如下所示：

```
[root@localhost ~]# kubectl get svc --all-namespaces
NAMESPACE     NAME                   CLUSTER-IP      EXTERNAL-IP   PORT(S)          AGE
default       kubernetes             10.254.0.1      <none>        443/TCP          5h
kube-system   kubernetes-dashboard   10.254.175.41   <nodes>       9090:30963/TCP   49m
```

从上面的输出结果可知，服务的 ClusterIP 为 10.254.175.41，服务所监听的 9090 端口被映射到节点的 30963 端口。

继续查看服务的详细信息，我们可以发现，该服务所对应的 Endpoints 为 172.17.0.2:9090，它正是我们前面创建的 Pod 的服务端口。

```
[root@localhost ~]# kubectl describe service kubernetes-dashboard --namespace=kube-system
Name:                   kubernetes-dashboard
Namespace:              kube-system
Labels:                 k8s-app=kubernetes-dashboard
Selector:               k8s-app=kubernetes-dashboard
Type:                   NodePort
IP:                     10.254.175.41
Port:                   <unset> 9090/TCP
NodePort:               <unset> 30963/TCP
Endpoints:              172.17.0.2:9090
Session Affinity:       None
No events.
```

12.3 Dashboard 使用方法

Dashboard 为系统管理员提供了一个可视化的，基于浏览器的管理界面。通过 Dashboard，可以完成绝大部分的集群管理工作，从而可以在一定程度上代替 kubectl 命令。本节将详细介绍 Dashboard 的使用方法。

12.3.1 Dashboard 概况

在成功部署之后，用户就可以通过节点 IP 加上端口来访问 Dashboard 的。例如，在上面的例子中，NodePort 为 30963，所以用户可以通过浏览器访问以下网址：

```
http://192.168.21.137:30963
```

Dashboard 的主界面如图 12-1 所示。

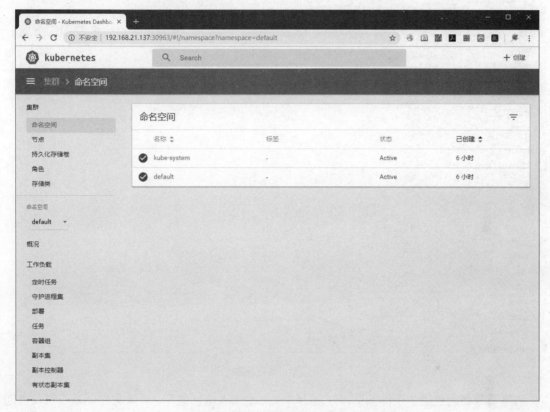

图 12-1　Dashboard 主界面

主界面左侧为菜单栏，包括集群、概况、工作负载、服务发现与负载均衡，以及配置与存储等功能模块。每个功能模块下面又有多个子模块，例如，集群菜单下面就包括了命名空间、节点、持久化存储卷、角色以及存储类等管理模块。

主界面的右上角为创建按钮，用户可以通过该按钮创建各种资源，如图 12-2 所示。

图 12-2　创建资源

创建资源界面包括 3 个标签页，分别为"从文本输入框创建"、"从文件创建"以及"创建应用"。其中，"从文本输入框创建"提供了一个多行文本框，用户可以在该文本框中输入 YAML 或者 JSON 配置文件。然后用鼠标单击底部的"上传"按钮即可。"从文件创建"标签页提供了一个文件"上传"按钮，用户可以直接在本地编辑好 YAML 或者 JSON 配置文件，然后上传即可。"创建应用"标签页为用户提供了一个创建应用系统的便捷方式。

12.3.2　通过 Dashboard 创建资源

接下来，介绍一下如何通过 Dashboard 创建 Kubernetes 资源对象。单击右上角的"创建"按钮，选择"从文本输入框创建"标签页，在文本框中输入以下代码：

```
apiVersion: extensions/v1beta1
kind: Deployment
metadata:
  name: nginx-deployment
spec:
  replicas: 3
  template:
    metadata:
      labels:
```

```
      app: nginx
        track: stable
    spec:
      containers:
    - name: nginx
      image: nginx:1.7.9
      ports:
      - containerPort: 80
```

单击底部的"上传"按钮，即可完成创建操作。

选择左侧的工作负载中的容器组菜单项，可以查看到刚才创建的 3 个 Pod，如图 12-3 所示。

图 12-3　通过 Dashboard 查看容器组

通过 Dashboard 创建其他的资源对象的方法与上面的操作基本相同，读者可以自己去尝试，就不再详细介绍了。

写在最后

作为一本从 Docker 到 Kubernetes 入门书,到这里就告一段落了。为了让读者对本书的主要内容有深入的理解,有必要对书中的内容进行归纳总结。图 A-1 和附图 A-2 即是对本书的主要知识点进行了概括。

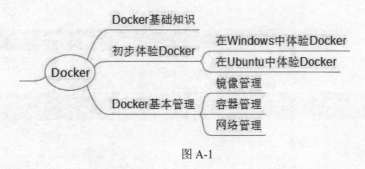

图 A-1

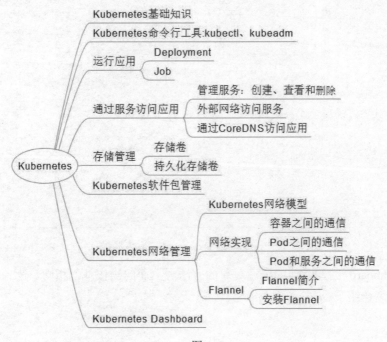

图 A-2

从图中可知,本书主要内容分为两大部分。其中第一部分为 Docker 的知识。为了使得对 Docker 接触不多的读者能够尽快上手,本书在第 1~3 章中简要地介绍了 Docker 中最重要的知识点。读者可以从这短短的几章内容中,快速掌握地 Docker 的基础知识。第二部分为 Kubernetes

的介绍。尽管 Kubernetes 的知识点非常多，但是作为一本入门的教程，本书同样提纲挈领地重点介绍了 Kubernetes 中作为初学者必须掌握的重要知识点。如果想要从事运维工作，这些知识点都是需要深入理解的。

由于本书的定位为入门教程，因此并没有对 Docker 或者 Kubernetes 中难度较大的知识点做过多的介绍。如果读者想要进一步地提高自己的运维技能，可以在学习本书的基础上，多多进行实践操作。此外，可以深入探讨 Kubernetes 的各个组件的运行机制和 API。如果还有余力的话，甚至可以阅读部分 Kubernetes 的源代码。

为了能够保证本书介绍的内容和实例尽量不出现错误，本书所有的内容都是在阅读大量相关资料的基础上总结而成的，本书所有的实例都是经过作者多次实践验证无误的。

总之，希望读者能够通过本书的学习，掌握比较扎实的 Kubernetes 知识，在您的事业道路上，助您一臂之力。